普通高等教育"互联网+""十三五"规划教材

C 语言程序设计实验指导

虞 歌 邵艳玲 编著

中国铁道出版社有限公司
CHINA RAILWAY PUBLISHING HOUSE CO., LTD.

内 容 简 介

本书是主教材《C 语言程序设计》（虞歌、邵艳玲编著，中国铁道出版社有限公司出版）的配套辅助教材。

本书共 9 章，与主教材的各章对应，内容包括程序设计概述，基本程序设计，程序的控制结构，函数，数组，指针，字符串，结构、联合和链表以及文件。本书对主教材中的内容做了很好的总结和补充，配置了基础知识测验和实验，可帮助读者更好地学习和理解主教材中介绍的程序设计思想和方法；力图将 C 语言基础知识介绍和程序设计能力培养完美结合，培养读者对程序设计的兴趣，提高读者程序设计水平。

本书适合作为普通高等学校程序设计课程的教材，也可供程序员和编程爱好者参考使用。

图书在版编目（CIP）数据

C 语言程序设计实验指导/虞歌，邵艳玲编著. —北京：
中国铁道出版社有限公司，2020.2（2024.1 重印）
普通高等教育“互联网+”“十三五”规划教材
ISBN 978-7-113-26498-7

Ⅰ.①C⋯　Ⅱ.①虞⋯②邵　Ⅲ.①C 语言-程序设计-
高等学校-教学参考资料　Ⅳ.①TP312.8

中国版本图书馆 CIP 数据核字（2019）第 276417 号

书　　名：C 语言程序设计实验指导
作　　者：虞　歌　邵艳玲

策　　划：刘丽丽　韩从付　　　　　　编辑部电话：（010）51873202
责任编辑：刘丽丽　彭立辉
封面设计：崔丽芳
责任校对：张玉华
责任印制：樊启鹏

出版发行：中国铁道出版社有限公司（100054，北京市西城区右安门西街 8 号）
网　　址：http://www.tdpress.com/51eds/
印　　刷：三河市航远印刷有限公司
版　　次：2020 年 2 月第 1 版　2024 年 1 月第 4 次印刷
开　　本：787 mm×1 092 mm　1/16　印张：8.5　字数：220 千
书　　号：ISBN 978-7-113-26498-7
定　　价：29.00 元

前言

本书是主教材《C 语言程序设计》（虞歌、邵艳玲编著，中国铁道出版社有限公司出版）的配套辅助教材。

本书共 9 章，与主教材的各章对应，内容包括程序设计概述，基本程序设计，程序的控制结构，函数，数组，指针，字符串，结构、联合和链表以及文件。本书对主教材中的内容做了很好的总结和补充，配置了基础知识测验和实验，可帮助读者更好地学习和理解主教材中介绍的程序设计思想和方法；本书力图将 C 语言基础知识介绍和程序设计能力培养完美结合，培养读者对程序设计的兴趣，提高读者程序设计能力水平。

实验所用操作系统可以是 Windows、Mac OS 或 Linux 并需安装 C 语言集成开发环境，支持利用项目来实现程序的多文件组织。

根据实验要求，使用 C 语言集成开发环境编写、编译、连接、运行和调试程序，解决实验中遇到的问题，直至得到正确的结果。然后，将实验题的程序源代码通过网页提交至在线评测系统（Online Judge，OJ），在几秒之内就会得到正确与否的评测。若未通过在线评测，说明程序还有缺陷。修改程序直至通过在线评测，这样才算完成了实验。

本书配有 iStudy 通用实践评价平台，可实现在线学习、练习、测评与考务管理。一方面教师可以在网上布置作业题目，学生随时完成作业并提交获得评测，考查学生的动手能力，同时也减轻了教师批改作业的负担，增强了批改的正确性；另一方面教师也可以在网上检查学生作业的完成情况，并就存在的问题进行解答。

读者要获取本书的相关资源，可访问中国铁道出版社有限公司网站 http://www.tdpress.com/51eds/。

本书由虞歌、邵艳玲编著，王鹏远、郭洪涛老师提供了丰富的素材、资源。在本书的编写过程中，参考了部分图书资料和网站资料，在此向其作者表示感谢。本书的出版得到了中国铁道出版社有限公司的大力支持，在此表示衷心的感谢。

由于时间仓促编者水平和经验有限，书中难免存在疏漏与不足之处，恳请读者提出宝贵意见和建议，以使本书日臻完善。编者联系方式：yuge@hznu.edu.cn。

编　者
2019 年 10 月

目录

第 *1* 章 程序设计概述

1.1 本 章 要 点

计算机由硬件和软件组成。计算机硬件由控制器、运算器、存储器、输入设备和输出设备等组成。控制器和运算器构成了中央处理器（CPU）。计算机软件是计算机中与硬件相互依存的另一部分，它是程序、数据及其相关文档的完整集合。计算机软件一般可以分为系统软件和应用软件两大类。

操作系统是最重要的系统软件。微软公司的 Windows 操作系统、苹果公司的 Mac OS 操作系统以及 Linux 操作系统都是目前常用的操作系统。

算法是解决某个问题所需要的方法和步骤。

要使用计算机解决某个问题，必须将解决问题的算法告诉计算机。因为人无法与计算机直接交流，所以必须使用程序设计语言编写程序将算法表示成计算机能够理解的形式，然后让计算机执行程序来完成指定的任务。

程序设计是指编写计算机程序解决某个问题的过程。专业的程序设计人员常被称为程序员。

在保证程序正确的前提下，可读、易维护、可移植和高效是程序设计的首要目标。

运用 C 语言进行程序开发通常要经过编辑、编译、连接、运行和调试这几个阶段。

C 语言源程序文件的文件扩展名通常为.c。

C 程序是由函数组成的。每个 C 程序至少要有一个 main()函数，称其为主函数。在执行程序时，操作系统会自动调用 main()函数。C 语言是区分大小写的，如果将主函数名 main 改为 Main 或 MAIN 等，就会出现错误。

语句是程序运行时执行的命令。C 语言规定每条语句要以分号结尾。

scanf()函数和 printf()函数是 C 语言提供的输入/输出函数，称为标准库函数。为了使用 scanf()函数和 printf()函数，必须包含 stdio.h 头文件。

在程序中，变量用于存储特定类型的数据。变量值在程序运行过程中是可以改变的。在使用变量之前，必须先声明变量。

可以使用预处理命令#define 给常量命名。这样的常量称为命名常量。命名常量的值在程序运行过程中不能被修改。在使用命名常量之前，必须先声明命名常量。

1.2　基础知识测验

1.2.1　单项选择题

1. 中央处理器（CPU）包含（　　　）。

　　A. 运算器和控制器

　　B. 运算器和存储器

　　C. 控制器和存储器

　　D. 运算器、控制器、存储器、输入设备和输出设备

2. 在计算机中，一个字节的二进制位数为（　　　）。

　　A. 16

　　B. 8

　　C. 32

　　D. 由 CPU 的型号决定

3. 中央处理器能直接识别的是（　　　）。

　　A. 汇编语言

　　B. 自然语言

　　C. 机器语言

　　D. 高级语言

4. 软件与程序的区别是（　　　）。

　　A. 程序价格便宜、软件价格昂贵

　　B. 程序是用户自己编写的，而软件是由厂家提供的

　　C. 程序是用高级语言编写的，而软件是由机器语言编写的

　　D. 软件是程序、数据及其相关文档的完整集合，程序只是软件的一部分

5. 算法是一个计算过程，是程序设计的基础和精髓。如下关于一个有效算法特点的描述中，错误的是（　　　）。

　　A. 零个或多个输入及一个或多个输出

　　B. 无穷性

　　C. 可行性

　　D. 确定性

6. 通常编写并执行 C 程序的过程，第一步应该是（　　　）。

　　A. 使用文本编辑程序，录入源程序，保存源文件

　　B. 使用连接器将目标文件和库文件连接为可执行文件

　　C. 使用编译程序编译源文件，生成目标文件

　　D. 执行程序，得到运行结果

7. C 程序是由（　　　）组成的。

　　A. 函数

　　B. 过程

　　C．主程序和子程序

　　D．子程序

8．用 C 语言编写的可执行程序，必须有的一个函数是（　　　）。

　　A．主调函数

　　B．main()函数

　　C．被调函数

　　D．子函数

9．在 C 语言中，main()函数返回一个（　　　）类型的值。

　　A．char

　　B．int

　　C．double

　　D．void

10．以下正确的常量定义是（　　　）。

　　A．#define S = 24

　　B．#define S 24;

　　C．#define S 24

　　D．#define S = 24;

1.2.2　填空题

1．计算机硬件系统由_____、运算器、存储器、输入设备、输出设备五部分组成。

2．扩展的 ASCII 码可以用一个字节表示，可以表示的 ASCII 码值个数为_____。

3．C 语言源程序文件的扩展名通常为_____。

4．C 程序中，为了使用 scanf()、printf()等输入/输出函数，需要包含_____头文件。

5．C 语言中，表示语句结束的符号是_____。

1.3　实　例　学　习

　　无论程序规模如何，每个程序都有统一的运算模式：输入数据、处理数据和输出数据。形成了基本的程序编写方法：IPO（input，process，output）。

　　输入（input）是一个程序的开始。程序要处理的数据有多种输入方式。

　　处理（process）是程序对输入数据进行计算产生输出结果的过程。计算问题的处理方式称为算法，算法是一个程序的灵魂。

　　输出（output）是程序展示运算结果的方式，与输入方式一样，也有多种输出方式。

　　【例 1.1】编写程序，求函数 $y = 4x^2 + 5x + 7$ 的值。其中，自变量 x 为整数，从键盘输入。经过计算后，将 y 的值输出到屏幕上。

```
#include <stdio.h>
int main(void) {
    int x, y;
    scanf("%d", &x);                    /* 输入 */
```

```
y = 4 * x * x + 5 * x + 7;    /* 处理 */
printf("%d\n", y);            /* 输出 */
return 0;
}
```

【运行结果】（✓表示回车，后面不再赘述）

1✓

16

【例 1.2】编写程序，从键盘输入一个圆柱体的半径（radius）和长度（length），计算圆柱体的体积。圆柱体底面积：area=π×radius^2；圆柱体体积：volume=area×length。结果保留 2 位小数。假设 π 为 3.14159。

```
#include <stdio.h>
#define PI 3.14159
int main(void) {
    double radius, length;
    double area, volume;
    printf("输入圆柱体的半径: ");
    scanf("%lf", &radius);
    printf("输入圆柱体的长度: ");
    scanf("%lf", &length);
    area = PI * radius *radius;      /* 求圆柱体底面积 */
    volume = area * length;          /* 求圆柱体体积 */
    printf("圆柱体的体积: %.2f\n", volume);
    return 0;
}
```

【运行结果】

输入圆柱体的半径：2.5✓

输入圆柱体的长度：3.5✓

圆柱体的体积：68.72

1.4　本章实验

1.4.1　实验目的

了解 C 程序的基本组成。掌握使用集成开发环境对 C 程序进行编辑、编译、连接和运行的基本步骤和方法。

1.4.2　实验内容

在计算机磁盘上新建一个文件夹，用于存放自己的 C 程序。例如，在 Windows 操作系统中，建议在磁盘的最后一个分区上建立文件夹，例如 E:\MyProjects。

安装 C 语言集成开发环境。若所使用的计算机上已经安装了 C 语言集成开发环境，则查看并记录其安装的位置。练习如何启动和退出 C 语言集成开发环境。

初步了解和掌握 C 语言集成开发环境的主要功能。学习使用 C 语言集成开发环境编辑、编译、连接和运行调试 C 程序。

1. 使用 C 语言集成开发环境编辑、编译和运行如下的 C 程序，观察输出结果。

```
#include <stdio.h>
int main(void){
    printf("Hello World!\n");
    return 0;
}
```

2. 使用 C 语言集成开发环境编辑、编译和运行如下的 C 程序，观察输出结果。

```
#include <stdio.h>
int main(void){
    printf("* * * *\n");
    printf("* * *\n");
    printf("* *\n");
    printf("*\n");
    return 0;
}
```

3. 编写程序，在屏幕上显示如下图案（行首和行尾均无空格）。

```
+---+---+
|   |   |
|   |   |
+---+---+
```

4. 编写程序，从键盘输入一个摄氏温度，将其转换为华氏温度并输出。转换公式为：

$$f = \frac{9}{5}c + 32$$

式中，c 表示摄氏温度；f 表示华氏温度。结果保留 2 位小数。

【运行结果】

输入摄氏温度：100✓
对应的华氏温度：212.00

5. 编写程序，从键盘输入一个圆环的内外半径，要求外半径大于内半径，计算圆环的面积，结果保留 2 位小数。假设 π 为 3.14159。

【运行结果】

输入圆环的外半径：3.5✓
输入圆环的内半径：2.5✓
圆环的面积：18.85

6. 根据父母的身高，可以预测他们孩子的身高：

男孩身高（厘米）=（父亲身高+母亲身高）×1.08÷2

女孩身高（厘米）=（父亲身高+0.923×母亲身高）÷2

编写程序，从键盘输入父母的身高，分别输出男孩和女孩的身高，结果保留 1 位小数。

【运行结果】（□表示空格，后面不再赘述）

172□160✓
179.3□159.8

第 *2* 章 基本程序设计

2.1 本章要点

C 程序由各种基本记号组成。构成 C 程序的基本记号主要包括：关键字、标识符、字面值、运算符以及分隔符。

在编写程序时，需要对变量、常量等进行命名，这些名字称为标识符。

数据类型是指数据在计算机内部的表示方式、数据的取值范围以及在该数据上可以进行的操作。程序中的每个数据都属于特定的数据类型。

C 语言中的数据类型可以分为基本数据类型和复合数据类型。

整型（short int、int、long int、long long int 和 unsigned short int、unsigned int、unsigned long int、unsigned long long int）表示不同大小的有符号和无符号整数。

浮点型（float、double 和 long double）表示不同精度的浮点数。

字符型（char）表示单个字符。

C99 之前，C 语言没有专门的布尔类型，用整型代替布尔型，整数 1 代表 "真"，整数 0 代表 "假"。

C99 中提供了_Bool 类型。解决了 C 语言长期缺乏布尔类型的问题。_Bool 实际上是无符号整数类型，因此布尔型变量实际上就是整型变量。但是与普通的整型变量不同，布尔型变量只能赋值为 0 或 1。

枚举类型在提高程序可读性上比较实用。

类型定义是为一个已有的数据类型名提供一个别名，而不是去定义一个新的数据类型。

在程序中，变量用于存储特定类型的数据。变量值在程序运行过程中是可以改变的。在使用变量之前，必须先声明变量。

常量分为字面常量和命名常量。字面常量也称字面值，是指在程序中可以直接使用的常量值。在使用命名常量之前，必须先声明命名常量，命名常量的值在程序运行过程中不能被修改。

C 语言中，运算符可以分为一元运算符、二元运算符和三元运算符，并规定了每个运算符的优先级和结合性。一元运算符优先级高于二元或三元运算符。

表达式是由操作数和运算符按一定语法形式组成的式子。每个表达式经过运算后都会得到一个属于某种数据类型的值，称为表达式值。表达式值的类型由运算符和操作数的数据类型决定。

表达式的求值顺序取决于表达式中各种运算符的优先级与结合性。运算符的优先级是指表达式中包含多个不同运算符时运算符运算的先后顺序，优先级高的运算先做，优先级低的运算后做。运算符的结合性是指同一优先级运算符的运算顺序，从左到右（称为左结合）或从右到左（称为右结合）。

语句是程序运行时执行的命令，有表达式语句、空语句和复合语句等。

由表达式组成的语句称为表达式语句。C 语言有一条规则，任何表达式都可以用作语句，通过在表达式的后面添加分号的方式将其转换成语句。并不是任何表达式语句都有实际意义。

只有一个分号而没有表达式的语句称为空语句。空语句什么也不做，只是起到占位符的作用。

复合语句也称块语句，是将若干条语句用花括号"{"和"}"括起来。复合语句中的每一条内部语句都必须以分号结尾。而复合语句本身不需要以分号结尾，而是以花括号"}"结尾。复合语句从形式上看是多条语句的组合，但在语法意义上它是一个整体，被视为一条语句。凡是可以用一条语句的地方都可以使用复合语句。

C 语言允许不同类型的数据混合运算，在这种情况下，就会涉及不同类型的数据之间的转换。C 语言支持两种类型转换：隐式类型转换（也称自动类型转换）和显式类型转换（也称强制类型转换）。

C 程序是由函数组成的。在 C 语言中，函数分为两大类：程序员编写的自定义函数和 C 语言本身提供的标准库函数。若要使用标准库，必须包含该标准库对应的头文件。

程序设计错误分为三类：语法错误、运行时错误和逻辑错误。

程序设计风格决定了程序的外观样式。人们从程序设计实践中取得了共识，程序必须具有良好的程序设计风格，这样程序的正确性、有效性、可读性和易维护性将会得到保证。

2.2 基础知识测验

2.2.1 单项选择题

1. 下列标识符中，错误的是（　　　）。

   A. DQ

   B. Name

   C. 2Dim

   D. Li_Stone

2. 不是 C 关键字的是（　　　）。

   A. sizeof

   B. define

   C. if

   D. typedef

3. 不正确的 C 数据类型关键字是（　　　）。

   A. int

B. char

C. signed

D. double

4. 不是 C 分隔符的是（　　　）。

A. ;

B. ,

C. :

D. !

5. 不是 C 运算符的是（　　　）。

A. ==

B. ++

C. **

D. +=

6. 若有变量声明 double y;，则能通过 scanf 语句正确输入数据的是（　　　）。

A. scanf("%f", &y);

B. scanf("%f", y);

C. scanf("%d", y);

D. scanf("%lf", &y);

7. 若有 scanf("a=%d,b=%d,c=%d",&a,&b,&c);，为使变量 a 的值为 1，b 的值为 3，c 的值为 2，正确的数据输入方式是（　　　）。

A. a=1,b=3,c=2↙

B. 1,3,2↙

C. a=1□b=3□c=2↙

D. 132↙

8. 执行如下代码，若要求 a1、a2、c1、c2 的值分别为 10、20、A 和 B，当从第一列开始输入数据时，正确的数据输入方式是（　　　）。

```
int a1, a2;
char c1, c2;
scanf("%d%d", &a1, &a2);
scanf("%c%c", &c1, &c2);
```

A. 10□20↙AB↙

B. 10□20□AB↙

C. 1020AB↙

D. 10□20AB↙

9. 执行以下代码段后，i 值会有（　　　）种可能性。

```
int i;
scanf("%d", &i);
i %= 4;
```

A. 7

B. 0

C. 不好说

D. 2

10. 若有 int x = 5, y = 7, z = 8;，执行表达式：z += x++ || y++ || ++z 后，x、y、z 的值分别是（　　）。

    A. 6, 7, 9

    B. 6, 8, 10

    C. 6, 8, 8

    D. 6, 8, 1

11. 若有 int a, b;，执行语句 b = (a = 3 * 5, a * 4), a + 15; 后，b 的值是（　　）。

    A. 15

    B. 30

    C. 60

    D. 90

12. 若有 int a = 3;，执行表达式 a += a -= a * a 后，a 的值是（　　）。

    A. −3

    B. 9

    C. −12

    D. 6

13. （　　）是非法的 C 语言转义字符。

    A. '\"'

    B. '\037'

    C. '\0xf'

    D. '\b'

14. 设 a 为整型变量，不能正确表达数学关系 10 < a < 15 的表达式是（　　）。

    A. 10 < a < 15

    B. a == 11 || a == 12 || a == 13 || a == 14

    C. a > 10 && a < 15

    D. !(a <= 10) && !(a >= 15)

15. 表达式 x && 1 和以下表达式（　　）是等价的。

    A. x == 0

    B. x != 1

    C. x

    D. x == 1

16. 判断年份 y 是否为闰年的表达式为（　　）。

    A. y % 4 == 0 && y % 100 != 0

    B. (y % 4 == 0 && y % 100 != 0) || (y % 400 == 0)

    C. (y % 4 == 0) || (y % 400 == 0 && y % 100 != 0)

    D. y % 4 == 0

17. 以下对枚举类型的声明中，正确的是（　　　）。

    A. enum a = {one, two, three};

    B. enum a {one = 9, two = –1, three};

    C. enum a = {"one", "two", "three"};

    D. enum a {"one", "two", "three"};

18. 在 C 语言中，sizeof 是（　　　）。

    A. 语句

    B. 一元运算符

    C. 标识符

    D. 函数

19. 位运算符中，运算符"～"的功能是（　　　）。

    A. 按位取反

    B. 按位与

    C. 按位或

    D. 按位异或

20. 假设字符型变量 ch 中的值为 01010101（二进制），将 ch 的最低位设置成 0，其余位值不变的表达式为（　　　）。

    A. ch &= 11111110

    B. ch |= 11111111

    C. ch ^= 11110000

    D. ch ～= 11111110

2.2.2　填空题

1. 表达式 ch = 'B' + '8' – '3' 表示的字符是_____。

2. 若有 int i = 1, j= 2, k = 3; k *= i + j;，则 k 最后的值是_____。

3. 表达式 3 + 4 * 4 > 5 * (4 + 3) – 1 的结果是_____。

4. 若有 int x = 3, y = 4, z = 5;，则表达式 x || y + z && y == z 的值是_____。

5. 若有 int a = 7, b = 6, c = 5;，则表达式 a + b > c + c && b == c || c > b 的值是_____。

6. 执行如下程序，从键盘输入 3 个整数 3、33 和 333，则程序输出_____。

```c
#include <stdio.h>
int main(void){
    int x, y, z;
    scanf("%d%d%d", &x, &y, &z);
    printf("%d\n", (x + y + z) / 3);
    return 0;
}
```

7. 执行如下程序，从键盘输入两个整数 10 和 3，则程序输出_____。

```c
#include <stdio.h>
int main(void){
```

```
    int a,b;
    int add, sub, mul, div, mod;
    scanf("%d%d", &a, &b);
    add = a + b;
    sub = a - b;
    mul = a * b;
    div = a / b;
    mod = a % b;
    printf("%d\n", add + sub + mul + div + mod);
    return 0;
}
```

8. 执行如下程序, 则程序输出_____。

```
#include <stdio.h>
int main(void){
    int x = 0, y = 0, z = 0;
    z = (x == 1) && (y = 2);
    printf("%d", y);
    return 0;
}
```

9. 执行如下程序, 则程序输出_____。

```
#include <stdio.h>
int main(void){
    int a = 1, b = 2, c;
    c = (a++ == b) ? 2 : 3;
    printf("%d\n", c);
    return 0;
}
```

10. 有以下程序:

```
#include <stdio.h>
int main(void){
    char a;
    int b;
    a = getchar();
    scanf("%d", &b);
    a = a - 'A' + '0';
    b = b * 2;
    printf("%c%c\n", a, b);
    return 0;
}
```

若从键盘输入 B33✓, 则程序运行后输出的结果是_____。

2.3　实　例　学　习

【例 2.1】编写程序, 从键盘输入两个整数, 存放在整型变量 a 和 b 中, 交换 a 和 b 中的值。

交换是指将两个变量的值进行互换。假设有整型变量 a 和 b，分别存储整数 2 和 6。交换变量 a 和 b 中的值，使得变量 a 存放变量 b 交换前的值，而变量 b 存放变量 a 交换前的值。

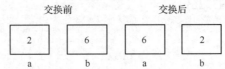

要实现交换，最基本、最通用的方法是中间变量法。基本思路是定义第三个变量 t，用于暂时保存两个变量中的某一个变量的原值。实现代码如下：

```
t = a;
a = b;
b = t;
```

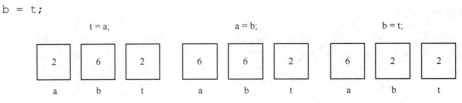

```
#include <stdio.h>
int main(void){
    int a, b, t;
    printf("输入整数a: ");
    scanf("%d", &a);
    printf("输入整数b: ");
    scanf("%d", &b);
    printf("交换前: ");
    printf("a=%d, b=%d\n", a, b);
    t = a;
    a = b;
    b = t;
    printf("交换后: ");
    printf("a=%d, b=%d\n", a, b);
    return 0;
}
```

【运行结果】

输入整数 a: 2↙
输入整数 b: 6↙
交换前：a=2, b=6
交换后：a=6, b=2

【例 2.2】编写程序，从键盘输入一个三位正整数（假设其个位数不为 0），将其按逆序转换为新的整数后输出。例如，输入 123，输出 321。

数的各位分离是指将整数 n 的每一位数取出，在取数的过程中，反复运用 "%" 和 "/" 运算符，n % 10 运算可以取出整数 n 的个位数，而 n / 10 运算可以将整数 n 的十位数移至个位数、百位数移至十位数……反复运用这两个表达式就可以取出整数 n 的每一位数。

假设整数 n 为 123，则

```
a = n % 10;              /* a 的值是 3 */
b = (n / 10) % 10;       /* b 的值是 2 */
```

```
    c = ( n / 10 / 10) % 10;        /* c 的值是 1 */
    n = a * 100 + b * 10 + c;       /* 新的 n 值是 321 */
```

完整的程序如下：

```
#include <stdio.h>
int main(void){
    int a, b, c, n;
    scanf("%d", &n);
    a = n % 10;
    b = (n / 10) % 10;
    c = (n / 10 / 10) % 10;
    n = a * 100 + b * 10 + c;
    printf("%d\n", n);
    return 0;
}
```

【运行结果】

```
123✓
321
```

【例 2.3】编写程序，输入整数 x，计算并输出分段函数 $f(x)$ 的值。使用条件运算符，分段函数的数学定义如下：

$$f(x) = \begin{cases} x+1 & x < 0 \\ x^3 & 0 \leq x < 100 \\ x^2 + 5 & x \geq 100 \end{cases}$$

使用条件运算符构成的条件表达式求出分段函数的值。

条件表达式是可以嵌套的：x < 0 ? x + 1 : (x < 100 ? x * x * x : x * x + 5)，若 x 的值小于 0，整个条件表达式的值为 x + 1；否则执行嵌套的条件表达式 x < 100 ? x * x * x : x * x + 5，若 x 的值小于 100，整个条件表达式的值为 x * x * x；否则整个条件表达式的值为 x * x + 5。

```
#include <stdio.h>
int main(void){
    int x, fx;
    printf("输入整数 x: ");
    scanf("%d", &x);
    fx = x < 0 ? x + 1 : (x < 100 ? x * x * x : x * x + 5);
    printf("分段函数的值: %d\n", fx);
    return 0;
}
```

【运行结果】

```
输入整数 x: -5✓
分段函数的值: -4
输入整数 x: 0✓
分段函数的值: 0
输入整数 x: 100✓
分段函数的值: 10005
```

【例 2.4】编写程序，输入六边形的边长 side，求六边形的面积 area，结果保留小数点后 2 位精度。利用下面的公式计算六边形的面积：

$$area = \frac{3\sqrt{3}}{2}side^2$$

求平方根可以使用数学库中的 sqrt(x)函数，必须包含 math.h 头文件。

```c
#include <stdio.h>
#include <math.h>
int main(void){
    double side, area;
    printf("输入六边形的边长: ");
    scanf("%lf", &side);
    area = 1.5 * sqrt(3) * side * side;
    printf("六边形面积: %.2f\n", area);
    return 0;
}
```

【运行结果】

```
输入六边形的边长: 5.5✓
六边形面积: 78.59
```

2.4　本　章　实　验

2.4.1　实验目的

掌握 C 语言基本数据类型、常量与变量、运算符与表达式的使用；掌握简单的输入和输出；掌握标准库函数的使用。

2.4.2　实验内容

1. 假设你每月往银行账户中存 1000 元钱，银行的年利率为 5%，月利率是 0.05/12=0.00417。

第一个月后，你的账户余额为：1000 * (1 + 0.00417) = 1004.17 元。

第二个月后，账户上钱就变成：(1000 + 1004.17) * (1 + 0.00417) = 2012.53 元。

依此类推，第六个月后，你的账户上有多少余额？精确到小数点后 2 位。

2. 编写程序，从键盘输入两个整数，计算并输出这两个整数的和、差、积、商、余数。

【运行结果】

```
5✓
3✓
5+3=8
5-3=2
5*3=15
5/3=1
5%3=2
```

3. 编写程序，从键盘输入一个四位正整数，将该整数每一位上的数字加 9，然后除以 10 取余，作为该位上的新数字，最后将千位和十位上的数字互换，百位和个位上的数字互换，组成加密后的新四位数并输出。

【运行结果】

1257↙

4601

4. 牛牛最近学习了 C 语言入门课程,这门课程的总成绩计算方法是:总成绩=作业成绩×20%+小测成绩×30%+期末考试成绩×50%。牛牛想知道,这门课程自己最终能得到多少分。输入一行包含 3 个非负整数,分别表示牛牛的作业成绩、小测成绩和期末考试成绩,三项成绩满分都是 100分。输出一行一个整数,即牛牛这门课程的总成绩,满分也是 100 分。

【运行结果】

60□90□80↙

79

5. 有 7 个人在一起玩报数游戏,第一个人从 1 开始报数,第七个人报完 7 后,又回到第一个人从 8 开始报数,如此轮回往复。请问输入一个正整数,这个数是由第几个人报出的?使用求余(模)运算。

【运行结果】

2008↙

6

6. 编写程序,从键盘输入两个整数,计算并输出这两个整数的和、平均值、最小值和最大值。要求平均值保留小数点后 2 位精度,使用条件运算符求最小值和最大值。

【运行结果】

输入整数 1:5↙

输入整数 2:4↙

两个整数的和:9

两个整数的平均值:4.50

两个整数的最小值:4

两个整数的最大值:5

7. 编写程序,从键盘输入一个整数,存放在整型变量 n 中,检查它是否能同时被 2 和 3 整除,是否能被 2 或 3 整除,是否能被 2 或 3 整除且只被其一整除。使用条件运算符。

【运行结果】

输入一个整数:4↙

4 能被 2 或 3 整除!

4 能被 2 或 3 整除且只被其一整除!

输入一个整数:18↙

18 能同时被 2 和 3 整除!

18 能被 2 或 3 整除!

8. 编写程序,输入整数 x,计算并输出分段函数 f 的值,要求保留小数点后 2 位精度。使用条件运算符。分段函数的数学定义如下:

$$f(x) = \begin{cases} (x+1)^2 + 2x + \dfrac{1}{x} & x < 0 \\ \sqrt{x} & x \geq 0 \end{cases}$$

【运行结果】

输入整数 x:10↙

分段函数的值：3.16

输入整数 x：0↙

分段函数的值：0.00

输入整数 x：-5↙

分段函数的值：5.80

9. 编写程序，计算 $\dfrac{\cos 50°+\sqrt{37.5}}{a+1}$ 的值，从键盘输入 a，a 为整数（a 不为 -1），结果保留小数点后 2 位精度。

【运行结果】

输入整数 a：2↙

计算结果：2.26

10. 编写程序，将从键盘输入的一个大写字母转换为小写字母并输出。若输入的是小写字母，则直接输出。

【运行结果】

输入一个大写字母：A↙

对应的小写字母：a

第 *3* 章 | 程序的控制结构

3.1 本 章 要 点

C 语言的语句分成两大类：简单语句和控制语句。

简单语句执行一些基本的操作，而控制语句则影响着其他语句的执行顺序。

控制语句有分支语句、循环语句和转移语句。

程序中的语句都是按程序员书写的顺序逐一执行的，这是一种最自然、最简单的控制结构，称为顺序结构。顺序结构中的每一条语句都被执行一次且只能被执行一次。

程序常常需要根据某个条件测试的结果，从两个或多个独立的程序执行路径中做出选择，这样的控制结构称为分支结构。在 C 语言中，用 if 语句和 switch 语句来描述分支结构。

有时程序要处理很多数据，在某个条件成立的情况下，重复执行一系列操作，这样的控制结构称为循环结构。循环结构分为"当型"循环结构和"直到型"循环结构。这两种循环的区别是："当型"循环结构是先判断条件后执行语句，"直到型"循环结构是先执行语句后判断条件。在 C 语言中，用 while 语句、do…while 语句和 for 语句来描述循环结构。

while 语句和 for 语句：先进行条件检测，后执行循环体。如果一开始条件检测的结果为"假"，则循环体一次都不执行。do…while 语句：先执行循环体，后进行条件检测，不管条件检测的结果是"真"还是"假"，循环体至少执行一次。

如果循环次数已知的，一般用 for 循环。循环次数难以确定的，一般用 while 循环。当循环体必须在条件检测之前执行，可用 do…while 循环替代 while 循环。

转移语句有 break 语句、continue 语句等。

break 语句只能用在 switch 语句和 while、do…while 和 for 语句中。循环中的 break 语句总是需要和 if 语句配合使用。

continue 语句只能用在 while、do…while 和 for 语句中。循环中的 continue 语句一般也需要和 if 语句配合使用。

continue 语句和 break 语句的区别是：continue 语句只结束本次循环的执行，继续下一次，而不是终止整个循环。而 break 语句则是结束整个循环的执行。

3.2　基础知识测验

3.2.1　单项选择题

1. C 语言的语句类型不包括（　　　）。
   A. 预处理命令
   B. 简单语句
   C. 复合语句
   D. 控制语句

2. 以下叙述中，错误的是（　　　）。
   A. 简单语句必须以分号结束
   B. 复合语句在语法上被看作一条语句
   C. 赋值表达式末尾加分号就构成赋值语句
   D. 空语句出现在任何位置都不会影响程序运行

3. 关于 C 语言语句书写格式的说法，错误的是（　　　）。
   A. 允许将一条语句分成多行书写
   B. 建议使用空白来做合理的间隔、缩进或对齐，使程序形成逻辑相关的块状结构
   C. 必须一行一条语句
   D. 允许一行书写多条语句

4. 以下关于 C 语言注释的说法，正确的是（　　　）。
   A. 行注释表示从"//"开始直到本行末尾的所有字符均是注释内容
   B. 注释将参与编译器编译，并形成指令
   C. 写程序时必须书写注释，否则会对程序的功能造成影响
   D. 可以采用/*……*/的形式书写多行注释，其中的注释内容可以是任何字符

5. "if(表达式)"中的"表达式"（　　　）。
   A. 只能是算术表达式
   B. 逻辑表达式、关系表达式和算术表达式都可以
   C. 只能是逻辑表达式
   D. 只能是关系表达式

6. 对于嵌套 if 语句，else 总是与（　　　）配对。
   A. 之前最近的尚未配对的 if
   B. 最前面的 if
   C. 第一个 if
   D. 缩进位置相同的 if

7. 对于下列程序，正确的叙述是（　　　）。

```
#include <stdio.h>
int main(void){
    int x, y;
```

```
    scanf("%d%d", &x, &y);
    if(x > y)
        x = y;
        y = x;
    else
        x++;
        y++;
    printf("%d,%d", x, y);
    return 0;
}
```

    A. 有语法错误，不能通过编译

    B. 若输入 3 和 4，则输出 4 和 5

    C. 若输入 4 和 3，则输出 4 和 5

    D. 若输入 4 和 3，则输出 3 和 4

8. 执行下列代码段：

```
int x;
scanf("%d", &x);
if(x > 250)
    printf("X");
if(x < 250)
    printf("Y");
else
    printf("X");
```

不可能出现的情况是（　　　）。

    A. 输出 Y

    B. 输出 XY

    C. 输出 X

    D. 输出 XX

9. 下列关于 switch 语句的说法，正确的是（　　　）。

    A. switch 语句的每个 case 分支中只能包含一条语句

    B. switch 语句中 default 分支是可选的

    C. switch 语句后边的圆括号可以省略

    D. default 分支必须处在所有 case 分支之后，否则会影响程序执行效果

10. switch 语句中的 case 分支必须是常量表达式且互不相同，值不能为（　　　）类型。

    A. 浮点型

    B. 整型

    C. 枚举型

    D. 字符型

11. 若有 int i = 10;，执行下面代码段后，变量 i 的值是（　　　）。

```
switch(i){
    case 9: i += 1;
    case 10: i += 1;
```

```
    case 11: i += 1;
    default: i += 1;
}
```

    A. 13

    B. 11

    C. 12

    D. 10

12. 执行下列代码段：

```
int k = 10;
while(k--);
printf("k=%d\n", k);
```

输出结果是（   ）。

    A. k=0

    B. k=-1

    C. k=1

    D. while 构成无限循环

13. 执行下列代码段：

```
int i = 6;
do{
    printf("%d", i--);
} while(0);
```

正确的是（   ）。

    A. 没有输出

    B. 输出 5

    C. 输出 6

    D. 有错误，无法编译

14. 执行下列代码段：

```
int i;
for(i = 0; i < 10; i++)
    printf("%d", i);
```

for 循环结束后，i 的值是（   ）。

    A. 9

    B. i 不存在

    C. 10

    D. i 没有确定的值

15. 若有 int k;，下面代码段编译、运行的情况是（   ）。

```
for(k = 1; k; k++)
    printf("%d ", k);
```

    A. 编译错误

    B. 能运行，正常结束

C.　能运行，是死循环

D.　以上说法都不对

16.　下列关于循环语句的描述中，错误的是（　　　）。

A.　循环体内可以包含循环语句

B.　循环体内必须同时出现 break 语句和 continue 语句

C.　循环体内可以包含分支（选择）语句

D.　循环体可以是空语句

17.　下面关于 for 循环的描述，正确的是（　　　）。

A.　for 循环只能用于循环次数已经确定的情况

B.　for 循环是先执行循环体语句，后判断表达式

C.　for 循环的循环体可以包含多条语句，但必须用花括号括起来

D.　在 for 循环中，不能用 break 语句跳出循环体

18.　下列关于 break 语句和 continue 语句的描述中，正确的是（　　　）。

A.　break 语句只能在循环体中使用

B.　continue 语句只能在循环体中使用

C.　break 是无条件跳转语句，而 continue 不是

D.　break 和 continue 的跳转范围不够明确，容易产生问题

19.　下列代码段中，while 循环的循环次数是（　　　）。

```
int i = 0;
while(i < 10){
    if(i < 1)
        continue;
    if(i == 5)
        break;
    i++;
}
```

A.　1

B.　10

C.　6

D.　死循环，不能确定次数

20.　执行下列代码段，输出结果是（　　　）。

```
counter = 0;
for(i = 0; i < 10; ++i)
    for(j = 0; j < 10; ++j){
    if(i == j)
        continue;
    counter++;
    }
printf("%d\n", counter);
```

A.　55

B.　90

C. 45

D. 100

3.2.2　填空题

1. 结构化程序设计的 3 种控制结构是_____、_____、_____。

2. 表达式!!"1994–07–10"的值为_____。

3. 若有 int x = 5;，则表达式!x < 10 的值为_____。

4. 若变量 x 已正确定义并赋值，则表达式–10 < x < 0 的值为_____。

5. 下列程序的输出结果是_____。

```
#include <stdio.h>
int main(void){
    int x, a = 10, b = 20, ok1 = 5, ok2 = 0;
    if(a < b)
        if(b != 15)
            if(!ok1)
                x = 1;
            else if(ok2)
                x = 10;
            else
                x = -1;
    printf("%d\n", x);
    return 0;
}
```

6. 下列程序从键盘输入 20 个整数，输出它们的和。在横线处填上恰当的成分，使程序完成题目要求的功能。注意不需要任何空格。

```
#include <stdio.h>
int main(void){
    int a, i, sum = 0;
    for(i = 1; i <= 20; ++i){
        scanf("%d", &a);
        sum = _____;
    }
    printf("sum=%d\n", sum);
    return 0;
}
```

7. 下列程序计算 1+12+123+1234+12345+…+123456789 的和。在横线处填上恰当的成分，使程序完成题目要求的功能，注意不需要任何空格。

```
#include <stdio.h>
int main(void){
    int t = 0, s = 0, i;
    for(i = 1; i <= 9; i++){
        t = _____;
        s = s + t;
```

```
    }
    printf("s=%d", s);
    return 0;
}
```

8. 下列程序按公式:

$$\sum_{k=1}^{100} k + \sum_{k=1}^{50} k^2 + \sum_{k=1}^{10} \frac{1}{k}$$

求和并输出结果。在横线处填上恰当的成分，使程序完成题目要求的功能。注意不需要任何空格。

```
#include <stdio.h>
int main(void){
    int k;
    double s = 0;
    for(k = 1; k <= 100; k++)
        s += k;
    for(k = 1; k <= 50; k++)
        s += _____;
    for(k = 1; k <= 10; k++)
        s += 1.0 / k;
    printf("sum=%f", s);
    return 0;
}
```

9. 下列程序的功能是计算两个整数的_____。

```
#include <stdio.h>
int main(void){
    int m, n, k;
    scanf("%d%d", &m, &n);
    while(n){
        k = m;
        m = n;
        n = k % n;
    }
    printf("%d", m);
    return 0;
}
```

10. 下列程序的功能是计算 1000!的末尾有多少个零。偶数乘 5 就会产生 0，求 1000!的末尾有多少个零，就是统计 1000!中有多少 5 的因子。例如 25 有 2 个 5 的因子。在横线处填上恰当的成分，使程序完成题目要求的功能。注意不需要任何空格。

```
#include <stdio.h>
int main(void){
    int i, k, m;
    for(k = 0, i = 5; i <= 1000; i += 5){
        m = i;
        while(_____){
```

```
            k++;
            m = m / 5;
        }
    }
    return 0;
}
```

3.3　实　例　学　习

【例 3.1】编写程序，程序首先在屏幕上显示如下菜单：

[1] 苹果

[2] 梨子

[3] 香蕉

[4] 橘子

[0] 退出

供用户选择不同的水果。用户可以连续选择水果，当选择次数超过 5 次时，自动退出；不到 5 次时，用户可以选择退出。当用户输入 1～4 时，显示相应的水果信息；输入 0，选择退出；输入其他数字，显示错误提示信息。

可以使用 switch 语句实现分支结构，根据用户输入的数字，执行相应的操作。因为用户可以连续选择水果，所以还需要引入循环结构。声明循环变量 count，记录选择次数，其初始值为 0，每选择 1 次，count 就加 1，超过 5 次，就执行 break 语句退出循环。当用户输入 0 时，直接执行 break 语句退出循环。

```
1    /* 例 3_1.c */
2    #include <stdio.h>
3    int main(void){
4        int choice, count;
5        count = 0;
6        while(1){
7            if(count == 5)
8                break;
9            printf("[1] 苹果\n");
10           printf("[2] 梨子\n");
11           printf("[3] 香蕉\n");
12           printf("[4] 橘子\n");
13           printf("[0] 退出\n");
14           printf("输入你的选择: ");
15           scanf("%d", &choice);
16           if(choice == 0){
17               printf("谢谢\n");
18               break;
19           }
20           switch(choice){
21               case 1:
```

```
22              printf("你选择了苹果\n");
23              break;
24          case 2:
25              printf("你选择了梨子\n");
26              break;
27          case 3:
28              printf("你选择了香蕉\n");
29              break;
30          case 4:
31              printf("你选择了橘子\n");
32              break;
33          default:
34              printf("非法输入\n");
35              break;
36          }
37          ++count;
38      }
39      return 0;
40  }
```

【运行结果】

[1] 苹果

[2] 梨子

[3] 香蕉

[4] 橘子

[0] 退出

输入你的选择：9↙

非法输入

[1] 苹果

[2] 梨子

[3] 香蕉

[4] 橘子

[0] 退出

输入你的选择：1↙

你选择了苹果

[1] 苹果

[2] 梨子

[3] 香蕉

[4] 橘子

[0] 退出

输入你的选择：0↙

谢谢

　　程序第 6~38 行为 while 循环。第 6 行中，while 语句的条件为 1，表示永远为"真"，循环是无限循环。当循环次数达到 5 次，第 7 行 if 语句条件为"真"，就执行 break 语句退出循环。否则，就显示菜单供用户选择，根据用户输入的数字，进行不同的处理。如果用户输入 0，第 16 行 if 语句条件为"真"，就执行 break 语句退出循环；如果输入其他数字，第 20 行开始的 switch 语句就执行相应的分支。第 37 行改变循环变量 count 的值。

【例 3.2】编写程序，统计"程序设计基础"课程的考试成绩，输入全班学生的考试成绩，找出其中最高分与最低分并计算平均分。

本题需要循环输入全班学生的成绩。因为全班学生人数未知，像这种批量数据输入通常不事先规定输入次数，而是以一个结束标志作为循环输入结束，程序根据结束标志统计人数。因为考试成绩不可能是负数，所以可以选用-1 作为循环输入的结束标志。

在循环输入成绩的过程中找出其中的最高分和最低分，并统计学生人数和总分。在输入所有学生成绩后计算平均分。声明变量 maxScore 保存已输入成绩中的最高分，变量 minScore 保存已输入成绩中的最低分，变量 totalScore 保存已输入成绩的总分，变量 count 保存学生人数，变量 score 保存当前输入的成绩。

假设有效的成绩在 0~100 之间，先输入一个成绩，用它作为 maxScore 和 minScore 的初始值，就是目前的最高分和最低分。totalScore 和 count 的初始值均为 0。

```
1    /* 例3_2.c */
2    #include <stdio.h>
3    int main(void){
4        int score, totalScore, maxScore, minScore, count;
5        printf("输入学生成绩，以-1作为结束标志\n");
6        scanf("%d", &score);
7        maxScore = minScore = score;
8        totalScore = 0;
9        count = 0;
10       while(score >= 0 && score <= 100){
11           if(score > maxScore)
12               maxScore = score;
13           if(score < minScore)
14               minScore = score;
15           totalScore += score;
16           ++count;
17           scanf("%d", &score);
18       }
19       if(count > 0){
20           printf("学生人数：%d\n", count);
21           printf("最高分：%d\n", maxScore);
22           printf("最低分：%d\n", minScore);
23           printf("平均分：%.2f\n", (double)totalScore / count);
24       }
25       return 0;
26   }
```

【运行结果】

输入学生成绩，以-1作为结束标志
74□79□55□84□82□95□88□64□85□-1↙
学生人数：9
最高分：95

最低分：55

平均分：78.44

程序第 6 行先输入一个成绩，假设它是最高分，也是最低分。

程序第 10～18 行为 while 循环。如果输入的成绩不在 0～100 之间，则结束循环。在循环体中，将输入的成绩与最高分比较，如果大于最高分，就将它设为新的最高分；与最低分比较，如果小于最低分，就将它设为新的最低分，并累加总分和统计学生人数；第 17 行输入下一个成绩，继续循环，直到所有成绩处理完毕。

程序第 19～24 行输出学生人数、最高分、最低分和平均分。在输出时应判断是否真的输入了有效分数，如果 count 等于 0，则表示没有输入任何有效分数，这时不能求平均分。往往容易忽略这种情况。

【例 3.3】古希腊数学家 Zeno 提出了一个问题：假设要横穿一个房间，首先走到房间距离一半的地方，从这个地方开始，走过余下距离的一半，即房间距离的四分之一，从这个地方开始，走过余下距离的一半，即房间距离的八分之一，一直这样走下去。横穿房间过程的每一步都是走到余下距离的一半，而余下距离总是能够被一分为二。所以，Zeno 认为，这个过程永远不会结束，不可能到达目的地，这个论点被称为 Zeno 悖论。Zeno 问题可以用数学公式表示如下：

$$\frac{1}{2} + \frac{1}{4} + \frac{1}{8} + \frac{1}{16} + \frac{1}{32} + \frac{1}{64} + \frac{1}{128} + \cdots$$

这个级数有无限个项，无限级数可以有一个确定的和。

Zeno 级数的第一项是 $\frac{1}{2}$，第二项是 $\frac{1}{2^2}$，…，因此级数通项公式是 $\frac{1}{2^i}$。可以通过循环，利用通项公式计算出每一项的值，将其加入到累加和中。更好的方法是不要每次都从头开始计算，级数第一项是 $\frac{1}{2}$，后一项是前一项的一半，可以利用前一项的结果计算出后一项的值。声明变量 sum 保存累加和，其初始值为 0；声明变量 item 保存级数每一项的值，其初始值为 0.5。剩下的问题是循环什么时候结束。随着级数的展开，item 的值越来越小，最终超出了计算机能够表示的有效精度范围，变得无意义了，此时 sum==sum+item，因此可以用 sum!=sum+item 作为循环控制条件。

```
1    /* 例3_3.c */
2    #include <stdio.h>
3    int main(void){
4        double sum, item;
5        sum = 0;
6        item = 0.5;
7        while(sum != sum + item){
8            sum += item;
9            item /= 2;
10       }
11       printf("%g\n", sum);
12       return 0;
13   }
```

【运行结果】

1

3.4 本 章 实 验

3.4.1 实验目的

掌握顺序结构、分支结构（if 和 switch 语句）和循环结构（while、do…while 和 for 语句）；掌握 break、continue 语句的使用；能够使用分支结构和循环结构实现一些常用算法。

3.4.2 实验内容

1. 编写程序，从键盘输入一个整数，存放在 n 中，检查它是否能同时被 2 和 3 整除，是否被 2 或 3 整除，是否被 2 或 3 整除且只被其一整除。

【运行结果】

输入一个整数：4✓
4 能被 2 或 3 整除！
4 能被 2 或 3 整除且只被其一整除！
输入一个整数：18✓
18 能同时被 2 和 3 整除！
18 能被 2 或 3 整除！

2. 某电网执行"阶梯电价"，居民用户电价分为两个"阶梯"：月用电量 50 千瓦时（含 50 千瓦时）以内的，电价为 0.53 元/千瓦时；超过 50 千瓦时的，超出部分的用电量，电价上调 0.05 元/千瓦时。请编写程序计算电费。

【运行结果】

100✓
cost = 55.50

3. 从键盘输入 3 个数，分别存放在 a、b 和 c 中，若它们能构成三角形，则输出三角形周长，否则输出"Invalid"。

【运行结果】

4□5□6✓
15.000000
1□2□3✓
Invalid

4. 编写程序，从键盘输入 x，求如下分段函数 y 的值，结果保留 2 位小数。要求用 if 语句实现。

$$y = \begin{cases} x^2 & x < 0 \\ \sqrt{x} & 0 \leqslant x < 9 \\ x-6 & x \geqslant 9 \end{cases}$$

【运行结果】

输入 x：-3✓
分段函数的值：9.00
输入 x：2.5✓
分段函数的值：1.58
输入 x：15✓
分段函数的值：9.00

5. 编写程序，假设铁路托运行李，规定每张客票托运费的计算方法是：

（1）行李质量不超过 50 千克时，每千克 0.25 元。

（2）超过 50 千克而不超过 100 千克时，其超过部分每千克 0.35 元。

（3）超过 100 千克时，其超过部分每千克 0.45 元。

从键盘输入行李质量，计算并输出所需的运费（保留 2 位小数）。

【运行结果】

```
输入行李质量(千克)：50↙
所需的运费：12.50
输入行李质量(千克)：75
所需的运费：21.25
输入行李质量(千克)：125
所需的运费：41.25
```

6. 编写程序，输入一个职工的月薪 salary，输出应交的个人所得税 tax（保留 2 位小数）。计算方式：tax=rate*(salary−850)；当 salary≤850 时，税率 rate 为 0；当 850<salary≤1350 时，税率 rate 为 5%；当 1350<salary≤2850 时，税率 rate 为 10%；当 2850<salary≤5850 时，税率 rate 为 15%；当 5850<salary 时，税率 rate 为 20%。

【运行结果】

```
输入月薪：800↙
个人所得税：0.00
输入月薪：1010.87↙
个人所得税：8.04
输入月薪：2850↙
个人所得税：200.00
输入月薪：4010↙
个人所得税：474.00
输入月薪：32098.76↙
个人所得税：6249.75
```

7. 编写程序，输入三角形三条边 a、b 和 c（假设为实数），判断它们能否构成三角形。若不能构成三角形，则输出"不能构成三角形"；若能构成三角形，进一步判断是何种三角形（等边三角形、等腰三角形、直角三角形、等腰直角三角形还是一般三角形等），并输出相应的信息。

可以利用勾股定理逆定理判断直角三角形。

应该避免直接对浮点数进行相等比较，因为浮点数的误差可能造成两个本来应该相等的浮点数不相等。

例如：

```
double x, y;
x = (1.0 / 3.0) * 2.5;
y = 5.0 / 6.0;
```

关系表达式 x == y 的值为假。

最简单的方法是设置一个允许的误差值，如果两个同符号浮点数之差的绝对值在这个误差范围内时，就认为它们是相等的，否则就是不相等的。

例如：

```
#define EPSILON 0.000001
fabs(x - y) <= EPSILON
```

结果为真，就认为 x 等于 y。实际上，变量 x 和 y 近似值相等，精确值不相等。利用 x 和 y 差值的绝对值是否在允许的误差范围内来判断 x 和 y 是否相等。

【运行结果】

输入三条边：1□2□3✓

不能构成三角形

输入三条边：4□2□5✓

一般三角形

输入三条边：3□3□3✓

等边三角形

输入三条边：2□2□1✓

等腰三角形

输入三条边：3□4□5✓

直角三角形

输入三条边：1□1□1.414214✓

等腰直角三角形

8. 编写程序，求一元二次方程 $ax^2+bx+c=0$ 的根，结果保留 2 位小数。系数 a、b、c 为浮点数，其值在运行时由键盘输入。

【运行结果】

输入一元二次方程的系数 a, b, c：0□0□0✓

方程无穷解！

输入一元二次方程的系数 a, b, c：0□0□1✓

方程无解！

输入一元二次方程的系数 a, b, c：0□2□1✓

方程有一个根：x=-0.50

输入一元二次方程的系数 a, b, c：1□2□1✓

方程有两个相同实根：x1=x2=-1.00

输入一元二次方程的系数 a, b, c：2.1□8.9□3.5✓

方程有两个不同实根：x1=-0.44□x2=-3.80

输入一元二次方程的系数 a, b, c：2□2□1✓

方程有两个不同虚根：x1=-0.50+0.50i□x2=-0.50-0.50i

9. 编写程序，将输入的任意 3 个整数从小到大输出，其间以 "->" 相连。

【运行实例】

4□2□8✓

2->4->8

10. 编写程序，从键盘输入学生的考试成绩，将学生的成绩划分等级并输出。学生的成绩可分为 5 个等级：90～100 为 A 级，80～89 为 B 级，70～79 为 C 级，60～69 为 D 级，0～59 为 E 级。例如，输入学生的考试成绩 91，输出等级 A。要求用 switch 语句实现。

假设学生的成绩为 score，则 score/10 的一个值就代表了 10 种情况，例如 score/10 为 7 时，就代表成绩 70～79 的情况。

【运行结果】

输入学生的考试成绩：90✓

等级：A

11. 输入一个正整数 m（$20 \leqslant m \leqslant 100$），计算 $11+12+13+\cdots+m$ 的值。例如，当 m 为 90 时，和为 4040。

【运行结果】

90✓

sum = 4040

12. 编写程序，输入一个正整数，存放在 n 中，计算 $1+\frac{1}{3}+\frac{1}{5}+\cdots$ 的前 n 项之和，结果保留 3 位小数。例如，当 n 为 10 时，和为 2.133。

【运行结果】

10✓

2.133

13. 编写程序，计算并输出下式的值，计算到最后一项的值小于 0.000001 时为止。

$$s = 1 - \frac{1}{4} + \frac{1}{7} - \frac{1}{10} + \frac{1}{13} - \frac{1}{16} + \cdots$$

这是一个累加问题，因此需要一个存放累加和的变量，其初始值为 0；每个子项的绝对值可表示为：

$\frac{1}{3n-2}$，这里要注意正负交替的情况；当某一子项的绝对值小于 0.000001（1e-6）时终止计算。

【运行结果】

0.835648

14. 编写程序，从键盘输入 a 和 n，求 $s_n = a + aa + aaa + \cdots + \overbrace{aa\cdots a}^{n\uparrow a}$ 之值。例如，输入 2 和 5，输出 24690（2+22+222+2222+22222）。

【运行结果】

2✓

5✓

sum = 24690

15. 编写程序，输入一个正整数，存放在 n 中，计算 $1+(1+2)+(1+2+3)+(1+2+3+4)+\cdots$ 的前 n 项之和。例如，当 n 为 3 时，和为 10。

【运行结果】

3✓

10

16. 编写程序，读入一个正整数，由小至大显示其所有因子。例如，如果输入整数 120，输出应该是：2 2 2 3 5（即 120=2×2×2×3×5）。

【运行结果】

120✓

2□2□2□3□5

17. 编写程序，输入若干个字符，分别统计其中英文字母、数字字符和其他字符的个数。

【运行结果】

输入若干个字符：Reold 123?✓
英文字母个数：5
数字字符个数：3
其他字符个数：2

18. 编写程序，用迭代法求立方根 $x = \sqrt[3]{a}$，求立方根的迭代公式为：$x_{n+1} = \dfrac{1}{3}\left(2x_n + \dfrac{a}{x_n^2}\right)$，当

$\left| x_{n+1} - x_n \right| < 0.000001$时，迭代停止。

【运行结果】

输入一个数：27✓
立方根：3.000000
输入一个数：0✓
立方根：0.000000
输入一个数：-8
立方根：-2.000000

19. 编写程序，根据读入的字符值以及菱形的边长，输出以该字符为填充字符的菱形。

【运行结果】

输入菱形填充字符：A
输入菱形边长：5
```
    A
   AAA
  AAAAA
 AAAAAAA
AAAAAAAAA
 AAAAAAA
  AAAAA
   AAA
    A
```

20. 某工地需要搬运砖块，已知男人一人搬 3 块，女人一人搬 2 块，小孩两人搬 1 块。用 45 人正好搬 45 块砖，问有多少种搬法？

【运行结果】

```
men=0, women=15, child=30
men=3, women=10, child=32
men=6, women=5, child=34
men=9, women=0, child=36
```

第 *4* 章 函 数

4.1 本 章 要 点

解决复杂问题的基本方式就是设法把它分解为若干个较为简单的子问题，逐一解决这些子问题，然后用各个子问题的解去构造复杂问题的解。这种逐步分解、各个击破的方法，在程序设计中称为结构化程序设计。

在结构化程序设计中分解得到的程序模块可以对应于 C 语言的函数。C 程序是由函数组成的。在 C 语言中，函数分为两大类：C 语言本身提供的标准库函数和程序员编写的自定义函数。

函数是为了完成某项任务而组合在一起的相关语句的集合，并被指定了一个名字。

函数由函数头和函数体两部分组成。函数头由函数类型、函数名和形式参数表组成。函数类型是指函数返回值的类型。如果一个函数没有返回值，应该将它的函数类型指定为 void。函数体用花括号 "{" 和 "}" 括起来，用于描述函数所要执行的操作。

函数设计得好坏，是编写高质量 C 程序的关键要素之一。

如果某个问题的求解可以转换成规模更小的或者更趋向于求出解的同类子问题的求解，并且从子问题的解可以构造出原问题的解。这种求解问题的思想称为递归。递归由两个过程组成：递推和回归。每一步的递推把问题简化成形式相同、但较简单一些的情况，直至遇到基本情况。正确的递归必须是可终止的，递归至少要有一个基本情况，并且要确保递推过程最终会到达基本情况。

递归需要用递归函数来实现。在执行一个函数的过程中，又直接或间接地调用了该函数本身，这种函数调用称为递归调用，包含递归调用的函数称为递归函数。

使用递归还是循环，取决于要求解问题的本质。这两种方法，哪种能设计出更自然地反映问题本质的直观解决方案，就用哪种方法。如果可以很直接地设计出循环方案，就用循环，通常比递归方案效率要高。如果在意程序的性能，应该尽量避免使用递归。

在复合语句或函数内部声明的变量称为内部变量（也称局部变量）；在函数外部声明的变量称为外部变量（也称全局变量）。函数形式参数拥有和局部变量一样的性质。

变量的存储类别决定了变量占据和释放内存空间的时间。用存储类别 auto 声明的变量是动态存储变量，auto 可以省略。用存储类别 static 声明的变量是静态存储变量。

每个变量都有一个确定的作用范围，这个范围称为该变量的作用域。一个变量在程序执行过程中存在的那段时间（占据内存存储空间）称为这个变量的生命期。

所有预处理指令都以字符"#"开始。预处理指令不是语句，行尾不能加分号。其作用是增强 C 语言的功能。

预处理指令主要有下面 3 种类型：宏定义，#define 指令定义一个宏，#undef 指令取消已有的一个宏定义；文件包含，#include 指令将一个指定文件的内容包含到程序中；条件编译，#if、#ifdef、#ifndef、#elif、#else 和#endif 指令可以根据条件确定程序中哪些程序片段被编译。

在 C99 中，可以使用内联函数，避免函数额外开销，替代带参数的宏定义。

4.2　基础知识测验

4.2.1　单项选择题

1. 下列说法正确的是（　　）。
    A. 所有自定义函数都要有相应的函数声明
    B. 一个 C 程序中可以有多个 main()函数
    C. 所有的函数都必须有返回值
    D. 一个 C 程序由一个或多个函数组成

2. 在函数体中，下列说法正确的是（　　）。
    A. 可以定义和调用其他函数
    B. 可以调用但不能定义其他函数
    C. 不可调用但可以定义其他函数
    D. 不可调用也不可定义其他函数

3. 函数的返回值类型是由（　　）决定的。
    A. 函数体中 return 语句返回的表达式类型
    B. 调用该函数的主调函数类型
    C. 调用该函数时临时
    D. 定义该函数时所指定的函数类型

4. 函数的返回值类型是 void，下列说法正确的是（　　）。
    A. 函数的返回值是 0
    B. 如果函数内部没有 return 语句，则执行到函数体结束处的右花括号时返回
    C. 如果使用 return 语句返回，则 return 后面必须有一个整型表达式
    D. 函数仅可以通过 return 语句返回

5. 在一个函数的函数体中使用 return 语句，会导致（　　）。
    A. 跳出该函数
    B. 跳到该函数的起点
    C. 跳到该函数的下一个 return 语句
    D. 跳出目前所在的循环

6. 下列说法错误的是（　　　）。

   A. 在不同的函数中可以使用相同名字的变量

   B. 函数中的形式参数是局部变量

   C. 在一个函数内定义的变量只在本函数范围内有效

   D. 在一个函数内的复合语句中定义的变量在本函数范围内有效

7. 在 C 语言中，下列说法正确的是（　　　）。

   A. 函数之间既允许直接递归调用也允许间接递归调用

   B. 函数之间允许直接递归调用但不允许间接递归调用

   C. 函数之间不允许直接递归调用但允许间接递归调用

   D. 函数之间既不允许直接递归调用也不允许间接递归调用

8. 下列说法错误的是（　　　）。

   A. 如果函数定义出现在函数调用之前，可以不必加函数原型声明

   B. 函数在调用之前，一定要给出函数原型声明，保证编译系统进行调用检查

   C. 在 C 语言中，并没有强制要求函数定义必须放在函数调用的前面

   D. 标准库函数不需要函数原型声明

9. 下列对预处理指令的描述中，正确的是（　　　）。

   A. 以"#"开头的行，可出现在函数体内或函数体外

   B. 以"#"开头的行，后面不可有分号

   C. 以"#"开头，可出现在一行中的任何位置

   D. 以"#"开头的行，必须放在程序开头

10. 下列对宏定义的描述中，错误的是（　　　）。

    A. 宏不存在类型问题，宏名无类型，它的参数也无类型

    B. 宏替换不占用运行时间

    C. 宏替换时先求出实参表达式的值，然后代入形参运算求值

    D. 宏替换只不过是字符替代而已

11. 在（　　　）情况下适宜采用 inline 定义内联函数。

    A. 函数体含有循环语句

    B. 函数体含有递归语句

    C. 函数代码少，频繁调用

    D. 函数代码多，不常调用

12. 函数调用表达式 fun((exp1,exp2), (exp3,exp4,exp5))中的参数个数是（　　　）。

    A. 1

    B. 2

    C. 3

    D. 5

13. 下列正确的函数头是（　　　）。

    A. double fun(int x, int y)

    B. double fun(int x; int y)

    C. double fun(int x, y)

    D. double fun(int x, y);

14. 下列函数原型，错误的是（　　　）。

    A. int f(int i);

    B. int f(i);

    C. int f(int);

    D. int f(void);

15. 下列代码段执行后，输出结果是（　　　）。

```
int i = 0;
if(i == 0){
    int i = 3;
}
printf("%d\n", i);
```

    A. 0

    B. 2

    C. 4

    D. 1

16. 若有以下函数：

```
void fun(…){
    static int a = 1;
    …
}
```

则下列说法错误的是（　　　）。

    A. 除首次调用外，调用 fun() 函数时，静态变量 a 的初始值是前次调用结束时 a 的值

    B. 在 fun() 函数外，可以用变量名 a 直接引用静态变量 a 的值

    C. 在其他函数中，可以出现变量声明 double a = 2.5;

    D. fun() 函数的形式参数不能取名为 a

17. 函数 f() 定义如下，执行语句：sum = f(5) + f(3); 后，sum 的值应为（　　　）。

```
int f(int m){
    static int i = 0;
    int s = 0;
    for(; i <= m; i++)  s += i;
    return s;
}
```

    A. 21

    B. 16

    C. 15

    D. 8

18. 编译下列程序时，（　　　）。

```
#include <stdio.h>          /* 1行 */
#define AA 123;             /* 2行 */
```

```
int main(void){                    /* 3行 */
    printf("%d\n", AA);            /* 4行 */
    return 0;                      /* 5行 */
}
```
  A. 第2行出错

  B. 第4行出错

  C. 第2行、第4行均出错

  D. 无错误

19. 若有以下宏定义和语句：

```
#define M(a, b) a * b;             /* 1行 */
int x = M(3 + 1, 5 + 6), y;        /* 2行 */
y = M(3, 4);                       /* 3行 */
```
则编译时，（　　　）。

  A. 第1行出错

  B. 第2行出错

  C. 第3行出错

  D. 第2行和第3行出错

20. 在画线处_____填写适当内容完成程序。本程序当输入字符是数字时输出字符串"number"，否则输出none。

```
#include<stdio.h>
int check_number(char x){
    if ((x >= '0') && (x <= '9'))
        return 1;
    else
        return 0;
}
int main(void){
    char ch;
    while(1){
        scanf("%c", &ch);
        if(ch=='#') break;
        if(_____)
            printf("number\n");
        else
            printf("none\n");
    }
    return 0;
}
```
  A. check_number(!ch)

  B. check_number(ch + 1)

  C. !check_number(ch)

  D. check_number(ch)

4.2.2 填空题

1. 下列程序的输出结果是_____。

```c
#include <stdio.h>
void fun(int x, int y){
    x = x + y;
    y = x - y;
    x = x - y;
}
int main(void){
    int x = 2, y = 3;
    fun(x, y);
    printf("%d#%d\n", x, y);
    return 0;
}
```

2. 下列程序的输出结果是_____。

```c
#include <stdio.h>
int a, b;
void fun(void){
    a = 100;
    b = 200;
}
int main(void){
    int a = 5, b = 7;
    fun();
    printf("%d#%d\n", a, b);
    return 0;
}
```

3. 下列程序的输出结果是_____。

```c
#include <stdio.h>
int a = 3;
int main(void){
    int s = 0;
    {
        int a = 5;
        s += a++;
    }
    s += a++;
    printf("%d\n", s);
    return 0;
}
```

4. 下列程序的输出结果是_____。

```c
#include <stdio.h>
int b = 40;
void f(){
    int a = 5;
```

```
    static int b = 5;
    ++a;
    ++b;
    printf("%d%d ", a, b);
}
int main(void){
    f();
    f();
    return 0;
}
```

5. 下列程序的输出结果是_____。

```
#include <stdio.h>
int f(int n){
    if(n == 1)
        return 1;
    else
        return n + f(n - 1);
}
int main(void){
    printf("%d\n", f(5));
    return 0;
}
```

6. 下列程序的输出结果是_____。

```
#include <stdio.h>
#define M 3
#define N M + 1
#define NN N * N / 2
int main(void){
    printf(%d\n", NN);
    return 0;
}
```

7. 下列程序的输出结果是_____。

```
#include <stdio.h>
#define PI 3.14
#define S(x) PI * x * x
int main(void){
    int a = 2;
    printf("%.1f\n", 6.28 / S(a));
    return 0;
}
```

8. 下列程序的输出结果是_____。

```
#include <stdio.h>
#define N 10
void f(void);
int main(void){
```

```
    f();
    #ifdef N
    #undef N
    #endif
    return 0;
}
void f(void){
    #if defined(N)
        printf("N is %d\n", N);
    #else
        printf("N is undefined\n");
    #endif
}
```

9. 若有以下程序，函数 maxCommonFactor()利用欧几里得算法（辗转相除法）计算两个正整数的最大公约数。

```
1    #include <stdio.h>
2    int maxCommonFactor(int a, int b);
3    int main(void){
4        int a, b, x;
5        printf("Input a, b:");
6        scanf("%d%d", a, b);
7        x = maxCommonFactor(a,b);
8        printf("MaxCommonFactor=%d\n", x);
9    }
10   int maxCommonFactor(int a, int b){
11       int r;
12       do{
13           r = a % b;
14           a = b;
15           b = r;
16       } while(r != 0);
17       return a;
18   }
```

程序中存在的错误在第＿＿＿＿＿＿＿行。

10. 若有以下程序，函数 factorial()计算阶乘，程序调用 factorial()函数求组合数。求组合数的公式为：

$$c_n^k = \frac{n!}{k!(n-k)!}(n \geq k)$$

```
1    #include <stdio.h>
2    double factorial(int n);
3    int main(void){
4        int n, k;
5        double c;
6        do{
7            printf("Please input n, k:");
```

```
8        scanf("%d%d", &n, &k);
9    } while(n < k);
10   c = factorial(n) / (factorial(k) * factorial(n - k));
11   printf("c=%.0f\n", c);
12 }
13 double factorial(int x){
14   int i;
15   double result;
16   for(i = 2; i <= x; ++i)
17       result *= i;
18   return result;
19 }
```

程序中存在的错误在第_____行。

4.3　实 例 学 习

【例 4.1】编写程序，输入一个正整数 n，n≤100，输出前 n 个回文素数，每行显示 5 个，每个宽度为 6，并适当对齐。回文素数是这样一种素数：本身为素数且也是回文数。例如，131 是素数，也是回文数。定义和调用函数：int isPrime(int n)，判断 n 是否是素数，如果是素数，函数返回 1，否则返回 0；定义和调用函数：int isPalindrome(int n)，判断 n 是否是回文数，如果 n 是回文数，返回 1，否则返回 0。

对于整数 i，如果 isPrime(i) 与 isPalindrome(i) 的返回值都是 1，i 即为回文素数。

```
1    /* 例 4_1.c */
2    #include <stdio.h>
3    #include <math.h>
4    int isPrime(int n);
5    int isPalindrome(int n);
6    int main(void){
7        int n, i, count = 0;
8        scanf("%d", &n);
9        for(i = 2; count < n; ++i){
10           if (isPrime(i) && isPalindrome(i)){
11               printf("%6d", i);
12               ++count;
13               if(count % 5 == 0)
14                   printf("\n");
15           }
16       }
17       return 0;
18   }
19   int isPrime(int n){
20       int i, limit, flag = 1;
21       if(n <= 1)
22           flag = 0;
```

```
23        else if(n == 2)
24            flag = 1;
25        else if(n % 2 == 0)
26            flag = 0;
27        else {
28            limit = sqrt(n) + 1;
29            for(i = 3; i <= limit; i += 2){
30                if(n % i == 0){
31                    flag = 0;
32                    break;
33                }
34            }
35        }
36        return flag;
37    }
38    int isPalindrome(int n){
39        int t, r, result = 0;
40        t = n;
41        while(t != 0){
42            r = t % 10;
43            result = result * 10 + r;
44            t /= 10;
45        }
46        return (n == result);
47    }
```

【运行结果】

10↙
    2   3   5   7   11
  101 131 151 181 191

程序第 6～18 行是 main()函数，第 19～37 行是 isPrime()函数，第 38～47 行是 isPalindrome()函数。

在 main()函数中，变量 count 用于控制 for 循环，其初始值为 0，从最小的素数 2 开始查找回文素数，每找到一个回文素数，count 就加 1，直至找到前 n 个回文素数。

【例 4.2】编写求 3 个数最大值的带参数的宏定义。

可以先定义一个求两个数最大值的宏定义，然后利用这个宏定义再定义求 3 个数最大值的宏定义。

```
1    /* 例 4_2.c */
2    #include <stdio.h>
3    #define MAX2(a, b) ((a) > (b) ? (a) : (b))
4    #define MAX3(a, b, c) MAX2(MAX2(a, b), (c))
5    int main(void){
6        int a, b, c;
7        scanf("%d%d%d", &a, &b, &c);
8        printf("%d\n", MAX3(a, b, c));
9        return 0;
10    }
```

【运行结果】

3□4□5✓

5

程序第 3 行是求两个数最大值的 MAX2 宏定义，第 4 行是求 3 个数最大值的 MAX3 宏定义。MAX3 宏定义中用到了前面定义的 MAX2 宏定义。

也可以利用嵌套的条件表达式直接写出求 3 个数最大值的 MAX 宏定义。

```
1   /* 例4_2_1.c，另一种解决方法 */
2   #include <stdio.h>
3   #define MAX(a,b,c) ((a) > (b) ? ((a) > (c) ? (a) : (c)) : ((b) > (c) ? (b) : (c)))
4   int main(void){
5       int a, b, c;
6       scanf("%d%d%d", &a, &b, &c);
7       printf("%d\n", MAX(a, b, c));
8       return 0;
9   }
```

在 C99 中，可以使用内联函数来替代带参数的宏定义。

```
1    /* 例4_2_2.c，另一种解决方法 */
2    #include <stdio.h>
3    inline int max(int a, int b, int c){
4        return (a > b ? (a > c ? a : c) : (b > c ? b : c));
5    }
6    int main(void){
7        int a, b, c;
8        scanf("%d%d%d", &a, &b, &c);
9        printf("%d\n", max(a, b, c));
10       return 0;
11   }
```

程序第 3～5 行是内联函数 max()。

4.4 本 章 实 验

4.4.1 实验目的

掌握函数声明、函数定义和函数调用；正确理解函数实参与形参之间传递数据的过程；正确理解和使用递归函数；掌握预处理指令的用法。

4.4.2 实验内容

1. 若四边形四条边的长度分别为 a、b、c、d，一对对角之和为 2α，则其面积为：

$$\text{area} = \sqrt{(p-a)(p-b)(p-c)(p-d) - abcd\cos^2\alpha}$$

其中，$p = \dfrac{1}{2}(a+b+c+d)$。定义和调用函数：double computeArea(double a, double b, double c, double d, double alpha)，计算任意四边形的面积。假设四边形的四条边边长分别为 3、4、5、5，一对对角之和为 145°，编写程序计算它的面积，结果保留 2 位小数。

【运行结果】

四边形面积：16.62

2. 正多边形是一个有 n 条边的多边形，每条边的长度 side 相同，每个角的度数也相同。求正多边形面积的公式如下：

$$area = \frac{n \times side^2}{4 \times \tan\left(\dfrac{\pi}{n}\right)}$$

定义和调用函数：double computeArea(int n, double side)，计算正多边形面积，结果保留 2 位小数。

【运行结果】

输入正多边形的边数：5↙
输入正多边形的边长：3↙
正多边形面积：15.48

3. 编写程序，定义和调用函数 int reverse(int n)，返回整数 n 的逆序数。

【运行结果】

请输入一个整数：3456↙
逆序数：6543
请输入一个整数：-5908↙
逆序数：-8095

4. 编写程序，输入一个数，输出该数的平方根，结果保留 6 位小数。可以通过对下面公式的反复计算近似地得到平方根：

$$nextGuess = \frac{1}{2}\left(lastGuess + \frac{value}{lastGuess}\right)$$

当 nextGuess 和 lastGuess 几乎相同时，nextGuess 就是平方根的近似值。nextGuess 最初的猜测值可以是任意一个值（例如 1.0）。这个值就是 lastGuess 的初始值。如果 nextGuess 和 lastGuess 的差小于一个很小的数（例如 0.000001），就可以认为 nextGuess 是 value 平方根的近似值；否则，nextGuess 就赋值给 lastGuess，迭代过程继续进行。

定义函数：double squareRoot(double value)，返回 value 的平方根。

【运行结果】

2↙
1.414214

5. 编写程序，定义函数 int isUgly(int n)，如果 n 是丑数，返回 1，否则返回 0。只包含因子 2、3、5 的正整数被称作丑数，比如 4、10、12 都是丑数，而 7、23、111 则不是丑数，另外 1 可以视为特殊的丑数。输入一个正整数 n，1≤n≤1000000，调用 isUgly()函数，如果该正整数是丑数，输出 True，否则输出 False。

【运行结果】

12↙
True

6. 编写程序，输入一个正整数 n，n≤100，输出前 n 个 emirp，每行显示 5 个，每个宽度为 5，并适当对齐。无暇素数 emirp（英文素数 prime 的逆序）是这样一种素数：本身为素数，且其逆序数也是素数。例如，17 是素数，其逆序数 71 也是，因此 17 和 71 是 emirp。定义和调用函数 int isPrime(int n)，判断 n 是否是素数，如果是素数，函数返回 1，否则返回 0；定义和调用函数 int reverse(int n)，返回整数 n 的逆序数。

对于整数 i，如果 isPrime(i) 与 isPrime(reverse(i)) 的返回值都是 1，i 即为无暇素数。

【运行结果】

```
10↙
    2    3    5    7   11
   13   17   31   37   71
```

7. 编写程序，输入一个正整数 i，计算如下级数的值，保留 2 位小数。定义和调用函数 double m(int i)，用递归方法实现。

$$m(i) = 4\left(1 - \frac{1}{3} + \frac{1}{5} - \frac{1}{7} + \cdots + \frac{1}{2i-1} - \frac{1}{2i+1}\right)$$

【运行结果】

```
10↙
3.04
```

8. 编写程序，输入一个正整数 n，n≤20，按如下公式求出数列的前 n 项并输出，每行显示 5 个，每个宽度为 6，并适当对齐。定义和调用函数 int sequence(int n)，计算数列第 n 项的值，用递归方法实现。

$$y = \begin{cases} 0 & n = 0 \\ 1 & n = 1 \\ 2 & n = 2 \\ y_{n-1} + y_{n-2} + y_{n-3} & n > 2 \end{cases}$$

【运行结果】

```
20↙
     0     1     2     3     6
    11    20    37    68   125
   230   423   778  1431  2632
  4841  8904 16377 30122 55403
```

9. 编写程序，输入一个正整数，如果是奇数，则乘 3 加 1；如果是偶数，则除以 2，得到的结果再按照上述规则重复处理，最终总能够得到 1。例如，假定初始正整数为 5，计算过程分别为 16、8、4、2、1。要求定义和调用函数 guess(n)，输出计算过程，用递归方法实现。从输入整数到 1 的步骤，每一步为一行，每一步中描述计算过程，最后一行输出 End。如果输入为 1，直接输出 End。

【运行结果】

```
5↙
5*3+1=16
16/2=8
8/2=4
```

```
4/2=2
2/2=1
End
```

10. 编写程序，定义和调用函数 double f(double x, int n)，用递归求下列数学式子的值，其中 n 为整数。

$$f(x,n) = x - x^2 + x^3 - x^4 + \cdots + (-1)^{n-1}x^n, n > 0$$

【运行结果】

2□3↙

6.00

第 *5* 章 数 组

5.1 本 章 要 点

数组是具有相同数据类型的一组相关变量的集合，其中的每个变量都有相同的名字，但有不同的下标，这些变量为数组元素。数组元素按顺序连续存放，每个数组元素按其存放顺序对应一个从 0 开始的顺序编号，该顺序编号称为数组下标。只有一个下标的数组称为一维数组，有两个或以上下标的数组称为多维数组。

声明一维数组的一般形式如下：

数据类型 数组名[常量表达式]；

数据类型指明数组中每个元素的类型。数组名遵循标识符命名规则。"[ ]"是数组的标志，"[ ]"用于确定数组的维数，在数组名后面有一个"[ ]"就表示这是一个一维数组。"[ ]"中的常量表达式表示数组元素个数，即数组长度，常量表达式的值必须是正整数。

声明二维数组的一般形式如下：

数据类型 数组名[常量表达式1][常量表达式2]；

数据类型指明数组中每个元素的类型。数组名遵循标识符命名规则。"[ ]"是数组的标志，"[ ]"用于确定数组的维数，在数组名后面有两个"[ ]"就表示这是一个二维数组。"[ ]"中的常量表达式 1 表示数组行长度，"[ ]"中的常量表达式 2 表示数组列长度，常量表达式的值必须是正整数。

二维数组在内存中是按行顺序存放的，先存放第一行的元素，接着存放第二行的元素，依此类推；而其中每一行的元素是按列顺序存放的。

排序（sorting）是计算机程序设计中常见的操作。所谓排序，就是给数组中的元素按值从小到大（升序）或从大到小（降序）的顺序重新存放的过程。

和排序一样，查找（searching）也是计算机程序设计中常见的操作。所谓查找，就是在数组中寻找一个指定元素的过程。

通常来说，数组长度必须是整型常量表达式。在 C99 中，有时数组长度也可以使用非常量表达式。

可变长数组（variable-length array，VLA）的长度是在程序执行时计算的，而不是在程序编译时计算的。例如，可变长数组的长度由用户的输入确定而不是由程序员指定一个固定的值。

可变长数组也可以是多维的。

5.2　基础知识测验

5.2.1　单项选择题

1. 下列关于数组的说法，错误的是（　　　　）。

  A. 数组中的所有元素都是同一个类型

  B. 数组中元素的下标是从 1 开始的

  C. 数组声明时，"[]"里面的内容说明数组长度

  D. 对数组的操作必须通过对数组内元素的操作实现

2. 下列一维数组定义语句中，错误的是（　　　　）。

  A. int a[3*5];

  B. int A[] = {1, 2, 3};

  C. int a[5];

  D. int a[3−5];

3. 若有 int a[10];，下列语句中正确的是（　　　　）。

  A. a[3*3] = 10*10;

  B. a0 = 10;

  C. a[4*4] = 10*10;

  D. A[0] = 10;

4. 下列正确定义一维数组 a 的是（　　　　）。

  A. int n=5, a[n]

  B. double n;

    scanf("%lf",&n);

    int a[n];

  C. int a(5)

  D. #define SIZE 5

    int a[SIZE];

5. 下列对有 10 个元素的一维数组 a 进行正确初始化的是（　　　　）。

  A. int a[10] = (0, 0, 0, 0, 0);

  B. int a[10] = {1, 2 * 3};

  C. int a[10] = {};

  D. int a[] = {0}

6. 若有 int a[10] = {0, 1, 2, 3, 4, 5, 6, 7, 8, 9};，则数值不是 6 的表达式是（　　　　）。

  A. a[6]

    B. a[9]−a[3]

    C. a[7]

    D. a[10−4]

7. 下列对二维数组的正确定义是（　　　）。

    A. int a[2,3] = {1,2,3,4,5,6};

    B. int a[][] = {1,2,3,4,5,6};

    C. int a[2][] = {1,2,3,4,5,6};

    D. int a[][3] = {1,2,3,4,5,6};

8. 下列选项中，能正确定义二维浮点型数组 a 的是（　　　）。

    A. float a[3][4];

       float a[][4];

       float a[3][] = {{1},{0}};

    B. float a[3][4];

       float a[3][];

       float a[][4];

    C. float a[3][4];

       float a[][4] = {{0},{0}};

       float a[][4] = {{0},{0},{0}};

    D. float a(3,4);

       float a[3][4];

       float a[][] = {{0},{0}};

9. 下列数组初始化，错误的是（　　　）。

    A. int a[][3] = {1,2,3,4,5,6};

    B. int b[][3] = {{1,2},{0}};

    C. int d[2][3] = {{1,2},{3,4},{5,6}};

    D. int a[2][3] = {0};

10. 若有 int a[5][5];，则 a[0][0]为数组首元素，数组 a 中的第 10 个元素是（　　　）。

    A. a[1][4]

    B. a[2][4]

    C. a[2][5]

    D. a[1][5]

11. 若有 int a[][3] = {{1},{3,2},{4,5,6},{0}};，则 a[2][2]的值是（　　　）。

    A. 4

    B. 2

    C. 3

    D. 6

12. 若二维数组 a 有 m 列，则在 a[i][j]之前的元素个数是（　　　）。

    A. j＊m＋i

　　B．j * m + i − 1

　　C．i * m + j

　　D．i * m + j − 1

13. 若有 int a[][3] = {1,2,3,4,5,6,7};，则 a 数组第一维的长度是（　　　）。

　　A．2

　　B．3

　　C．4

　　D．0

14. 下列说法中，错误的是（　　　）。

　　A．可以通过赋初始值的方式确定数组元素的个数

　　B．程序执行过程中，数组下标超出所定义的下标范围时，将显示下标越界错误信息

　　C．对于 double 类型数组，不可以直接用数组名对数组进行整体输入或输出

　　D．数组名代表的是数组所占存储区的首地址，其值不可改变

15. 若函数的参数是数组，则传递给这个参数的值是（　　　）。

　　A．整个数组被复制过去

　　B．数组的第一个元素的地址

　　C．数组第一个元素的值

　　D．数组元素的个数

16. 下列程序的输出结果是（　　　）。

```c
#include <stdio.h>
int main(void){
    int a[10] = {1, 2, 3, 4, 5, 6, 7, 8, 9, 10};
    printf("%d\n", a[a[7] / a[1]]);
    return 0;
}
```

　　A．2

　　B．3

　　C．5

　　D．4

17. 下列程序的输出结果是（　　　）。

```c
#include <stdio.h>
int main(void){
    int a, b[5];
    a = 1;
    b[0] = 4;
    printf("%d#%d\n", b[0], b[1]);
    return 0;
}
```

　　A．0#4

　　B．4#0

  C.　4#未知值

  D.　4 0

18. 下列程序的主要功能是输入 10 个整数存入数组 a 中，再输入一个整数 x，在数组 a 中查找 x。找到则输出 x 在 10 个整数中的序号（从 1 开始）；找不到则输出 0。按要求在_____处填写适当的内容，使程序完整并符合题目要求。

```c
#include <stdio.h>
int main(void){
    int i, a[10], x, flag = 0;
    for(i = 0; i < 10; ++i)
        scanf("%d", &a[i]);
    scanf("%d", &x);
    for(i = 0; i < 10; ++i){
        if(_____){
            flag = i + 1;
            break;
        }
    }
    printf("%d\n", flag);
    return 0;
}
```

  A.　x!=a[i]

  B.　!(x==a[i])

  C.　!x==a[i]

  D.　x==a[i]

19. 下面程序的主要功能是将数组 a 中存放的 5 个整型数据逆序后在屏幕上输出。按要求在_____处填写适当的内容，使程序完整并符合题目要求。

```c
1  #include <stdio.h>
2  void fun(int b[], int i, int j)
3  {
4      int t;
5      if(i < j)
6      {
7          _____;
8          b[i] = b[j];
9          _____;
10         fun(b, i + 1, j - 1);
11     }
12 }
13 int main(void)
14 {
15     int i, a[5] = {1, 2, 3, 4, 5};
16     _____;
17     for(i = 0; i < 5; i++)
18         printf("%d\t", a[i]);
```

```
19        printf("\n");
20        return 0;
21   }
```

    A. 第7行：t = b[i]
       第9行：b[j] = t
       第16行：fun(a, 0, 4)

    B. 第7行：t = b[i]
       第9行：b[i] = t
       第16行：fun(a, 0, 5)

    C. 第7行：t = b[i]
       第9行：b[i] = t
       第16行：fun(a, 1, 5)

    D. 第7行：t = b[j]
       第9行：b[j] = t
       第16行：fun(a, 1, 4)

20. 某矩阵 m 存储的数据如下：

1□4□7
2□5□8
3□6□9

现将该矩阵最后一行的所有数据输出到屏幕，按要求在_____处填写适当的内容，使程序完整并符合题目要求。

```
1  #include <stdio.h>
2  int main(void)
3  {
4      int m[][3] = {1, 4, 7, 2, 5, 8, 3, 6, 9};
5      int i, j, k = _____;
6      for(i = 0; _____; i++)
7      {
8          printf("%d", _____);
9      }
10     return 0;
11  }
```

    A. 第5行：2
       第6行：i < 2
       第8行：m[i][k]

    B. 第5行：3
       第6行：i <= 3
       第8行：m[k][i]

    C. 第5行：2
       第6行：i < 3
       第8行：m[k][i]

  D.　第 5 行：3

    第 6 行：i < 3

    第 8 行：m[i][k]

5.2.2　填空题

1. 定义数组：int a[2][3][4];，则数组 a 中有_____个数组元素。

2. 假设 sizeof(int)的值为 4，对于数组 int a[3][6];，sizeof(a[0])的值为_____。

3. 在 C 语言中，二维数组在内存中是按_____顺序存放。

4. 执行下列代码段后，s 的值为_____。

```
int a[] = {5, 3, 7, 2, 1, 5, 3, 10};
int k, s = 0;
for(k = 0; k < 8; k += 2)
    s += a[k];
```

5. 下列程序的输出结果是_____。

```
#include <stdio.h>
int main(void){
    int i, k, a[10], p[3];
    k = 5;
    for(i = 0; i < 10; ++i)
        a[i] = i;
    for(i = 0; i < 3; ++i)
        p[i] = a[i * (i + 1)];
    for(i = 0; i < 3; ++i)
        k += p[i] * 2;
    printf("%d\n", k);
    return 0;
}
```

6. 下列程序的输出结果是_____。

```
#include <stdio.h>
void m(int x, int y[]){
    x = 3;
    y[0] = 3;
}
int main(void){
    int x = 0;
    int y[1];
    m(x, y);
    printf("%d#%d\n", x, y[0]);
    return 0;
}
```

7. 下列程序的输出结果是_____。

```
#include <stdio.h>
void swap1(int c[]){
    int t;
```

```
            t = c[0];
            c[0] = c[1];
            c[1] = t;
        }
        void swap2(int c0,int c1){
            int t;
            t = c0;
            c0 = c1;
            c1 = t;
        }
        int main(void){
            int a[2] = {3, 5}, b[2] = {3, 5};
            swap1(a);
            swap2(b[0], b[1]);
            printf("%d#%d#%d#%d\n", a[0], a[1], b[0], b[1]);
            return 0;
        }
```

8. 下列程序的输出结果是_____。

```
#include <stdio.h>
int main(void){
    int a[3][3] = {9, 7, 5, 3, 1, 2, 4, 6, 8};
    int i, j, s1 = 0, s2 = 0;
    for(i = 0; i < 3; ++i){
        for(j = 0; j < 3; ++j){
            if(i == j)
                s1 += a[i][j];
            if(i + j == 2)
                s2 += a[i][j];
        }
    }
    printf("%d#%d\n", s1, s2);
    return 0;
}
```

9. 执行下列程序，从键盘依次输入 10 个整数：1□0□0□0□0□1□2□3□0□2□0，则输出时 a[4]的值是_____。

```
#include<stdio.h>
int main(void){
    int a[10];
    int i, j;
    for(i = 0; i < 10; i++)
        scanf("%d", &a[i]);
    for(i = 0; i < 10; i++){
        if(a[i] == 0){
            j = i;
            while(j < 9 && a[j] == 0)
                j++;
```

```
            a[i] = a[j];
            a[j] = 0;
        }
    }
    for(i = 0; i < 10; i++)
        printf("%d\n", a[i]);
    return 0;
}
```

10. 下列程序的主要功能是输入 30 个人的年龄，统计 18 岁、19 岁、……、25 岁各有多少人。按要求在_____处填写适当的内容，使程序完整并符合题目要求。注意：不需要任何空格。

```
#include <stdio.h>
int main(void){
    int i, n, age, a[30] = {0};
    for(i = 0; i < 30; ++i){
        scanf("%d", &age);
        for(n = 18; n <= 25; ++n){
            if(_____)
                a[n]++;
        }
    }
    for(i = 18; _____; ++i)
        printf("%3d%6d\n", i, a[i]);
    return 0;
}
```

5.3 实 例 学 习

【例 5.1】某校大门外长度为 L 的马路上有一排树，每两棵相邻的树之间的间隔都是 1 米。可以把马路看成一个数轴，马路的一端在数轴 0 的位置，另一端在 L 的位置；数轴上的每个整数点，即 0，1，2，…，L，都种有一棵树。

马路上有一些区域要用来建地铁，这些区域用它们在数轴上的起始点和终止点表示。已知任一区域的起始点和终止点的坐标都是整数，区域之间可能有重合的部分。现在要把这些区域中的树（包括区域端点处的两棵树）移走。你的任务是计算将这些树都移走后，马路上还有多少棵树。

输入的第一行有两个整数 L（$1 \leqslant L \leqslant 10000$）和 M（$1 \leqslant M \leqslant 100$），$L$ 代表马路的长度，M 代表区域的数目，L 和 M 之间用一个空格隔开。接下来的 M 行每行包含两个不同的整数，用一个空格隔开，表示一个区域的起始点和终止点的坐标。

输出一个整数，表示马路上剩余的树的数目。

可以用一个大数组来模拟马路上的这些区域，数组中的每个数表示区域中的一棵树。例如，如果输入的马路长度 L 是 800，根据题意可知最初有 801 棵树，就用一个有 801 个元素的数组来模拟这 801 棵树，数组的下标表示从 1～801 棵树，数组元素的值表示这棵树是否被移走。数组元素的初始值均为 1，表示这些树尚未移走。

每当输入一个小区域，就将这个区域对应的树全部移走，即将这个区域对应的数组元素值置为 0。如果有多个小区域对应同一个数组元素，会导致多次将这个数组元素置为 0，这并不会影响结果的正确性。当所有的小区域输入完成时，可以数一下数组中元素值仍为 1 的元素的个数，也就是最后剩下的树的数目。

```c
1    /* 例5_1.c */
2    #include <stdio.h>
3    #define ARRAY_SIZE 10001
4    int main(void){
5        int length, m;
6        int i, j, count = 0;
7        int begin, end;
8        int trees[ARRAY_SIZE];
9        for(i = 0; i < ARRAY_SIZE; ++i)
10           trees[i] = 1;
11       scanf("%d%d", &length, &m);
12       for(i = 0; i < m; ++i){
13           scanf("%d%d", &begin, &end);
14           for(j = begin; j <= end; ++j)
15               trees[j] = 0;
16       }
17       for(i = 0; i <= length; ++i)
18           if(trees[i])
19               ++count;
20       printf("%d\n", count);
21       return 0;
22   }
```

【运行结果】

500□3✓
150□300✓
100□200✓
470□471✓
298

程序第 8 行用一个整型数组模拟树的存在情况。因为题目给出的上限是 10000，可以定义一个大小是 10001 个元素的数组，这样对所有的输入都是够用的。第 9、10 行的 for 循环将数组元素的初始值置为 1，表示这些树尚未移走。第 13 行用 begin 和 end 存储小区域的起止位置。第 14、15 行的 for 循环将数组元素值置为 0，即将小区域中的树移走。第 17～19 行的 for 循环统计剩余的树的数目，存放在 count 中。

【例 5.2】一个 n 行 n 列的螺旋方阵按如下方法生成：从方阵的左上角（第 1 行第 1 列）出发，初始时向右移动；如果前方是未曾经过的格子，则继续前进；否则，右转。重复上述操作直至经过方阵中所有格子。根据经过顺序，在格子中依次填入 1，2，3，…，n，便构成了一个螺旋方阵。下面是 4×4 的螺旋方阵。

1	2	3	4
12	13	14	5
11	16	15	6
10	9	8	7

编写程序，输入一个正整数 n，生成一个 $n \times n$ 的螺旋方阵。

输入一行一个正整数 n（$1 \leqslant n \leqslant 20$）。

共输出 n 行，每行 n 个正整数，每个正整数占 5 列。

```
1    /* 例 5_2.c */
2    #include <stdio.h>
3    int main(void){
4        int i, j, k, n, d, a[51][51];
5        int dx[4] = {0, 1, 0, -1};
6        int dy[4] = {1, 0, -1, 0};
7        scanf("%d", &n);
8        for(i = 0; i <= n + 1; ++i)
9            for(j = 0; j <= n + 1; ++j)
10               a[i][j] = -1;
11       for(i = 1; i <= n; ++i)
12           for(j = 1; j <= n; ++j)
13               a[i][j] = 0;
14       i = 1;
15       j = 1;
16       d = 0;
17       for(k = 1; k <= n * n; ++k){
18           a[i][j] = k;
19           if(a[i + dx[d]][j + dy[d]] != 0)
20               d = (++d) % 4;
21           i = i + dx[d];
22           j = j + dy[d];
23       }
24       for(i = 1; i <= n; ++i){
25           for(j = 1; j <= n; ++j)
26               printf("%5d", a[i][j]);
27           printf("\n");
28       }
29       return 0;
30   }
```

【运行结果】

```
5↙
    1    2    3    4    5
   16   17   18   19    6
   15   24   25   20    7
   14   23   22   21    8
   13   12   11   10    9
```

定义一个二维数组 a[51][51]模拟方阵填数的过程。整型变量 d 用来表示填数的方向，取值 0~3，依次表示向右、向下、向左和向上填数。再定义两个数组 dx 和 dy，表示各个方向上前进一步带来的行、列坐标的变化值。

程序第 8~10 行的两重循环设置方阵的边界为-1。第 11~13 行的两重循环设置方阵除边界以外的初始值为 0。第 14~23 行，把数字 1 填在第 1 行第 1 列，然后向右填数字 2……填到不能填的位置（越界或者已经填了数），第 20 行就换个方向接着填。第 24~28 行输出填数后的方阵。

5.4　本章实验

5.4.1　实验目的

掌握一维、二维数组声明和基本操作；能够使用数组实现一些常用算法。

5.4.2　实验内容

1. 编写程序，从键盘输入 10 个整数，之间以一个空格隔开，存放在一维数组中。找出值最大和最小的元素，第一行输出最大值及其所在的元素下标，之间以一个空格隔开；第二行输出最小值及其所在的元素下标，之间以一个空格隔开。

【运行结果】

1□3□5□7□9□6□0□8□2□4 ✓
9□4
0□6

2. 有 n 个人（每个人有一个唯一的编号，用 1~n 之间的整数表示）在一个水龙头前排队准备接水。现在第 n 个人有特殊情况，经过协商，大家允许他插队到第 x 位置。编写程序，输出第 n 个人插队后的排队情况。输入：第一行 1 个正整数 n，表示有 n 个人，2 < n ≤ 100；第二行包含 n 个正整数，之间用一个空格隔开，表示排在队伍中的 1~n 个人的编号；第三行 1 个正整数 x，表示第 n 个人插队的位置，1 ≤ x < n。输出：一行包含 n 个正整数，之间用一个空格隔开，表示第 n 个人插队后的排队情况。

【运行结果】

7 ✓
7□2□3□4□5□6□1 ✓
3 ✓
7□2□1□3□4□5□6

3. 编写程序，输入一个十进制整数，将其转换为二进制整数并输出。

利用循环将十进制整数 n 转换为 r（二、八、十六）进制数的思路是：反复地将 n 除以 r 取余数；可以将取出的余数用数组存放；由于先取出的是低位数据，后取出的是高位数据，因此需将数组逆序输出。

【运行结果】

输入一个十进制整数：123 ✓
对应的二进制整数：1111011

4. 编写程序，输入 n 个正整数（无序的），找出第 k 大的数。注意，第 k 大的数是从大到小

排在第 k 位置的数。输入：第一行 1 个正整数 n，表示有 n 个数，$2 < n \leq 100$；第二行 1 个正整数 k，$1 \leq x < n$，表示第 k 大；第三行包含 n 个正整数，之间用一个空格隔开。输出：一行 1 个正整数，表示第 k 大的数。

【运行结果】

5↙
2↙
32□3□12□5□89↙
32

5. 有 m 个人，其编号分别为 $1 \sim m$，$1 \leq m < 100$。按顺序围成一个圈，现在给定一个数 n，从第一个人开始依次报数，报到 n 的人出圈，然后再从下一个人开始，继续从 1 开始依次报数，报到 n 的人再出圈……如此循环，直到最后一个人出圈为止。编写程序，输出所有人出圈的顺序。输入：一行两个正整数 m 和 n，之间用一个空格隔开。输出：m 行，每行一个正整数，表示依次出圈的人的编号。

声明数组 a 表示每个人在圈中的状态。假设 a[i] 为 1 表示第 i 个人还在圈中，a[i] 为 0 表示第 i 个人已出圈。模拟报数的过程，从第一个人（i 为 1）开始报数，声明计数器变量 count，初始值为 0，如果 a[i] 为 1，则 count 加 1，当 count 为 n 时，报到的这个人出圈（a[i] 设置为 0 且 count 设置为 0）……直到所有人都出圈。另外，声明计数器变量 t，记录圈中的剩余人数，初始化为 m。

【运行结果】

8□5↙
5
2
8
7
1
4
6
3

6. 编写程序，输入一个正整数 n（$2 \leq n \leq 10$）和 $n \times n$ 矩阵 a 中的元素，如果 a 是上三角矩阵，输出 YES，否则输出 NO。

主对角线是从矩阵的左上角至右下角的连线。副对角线是从矩阵的右上角至左下角的连线。上三角矩阵主对角线以下的元素都为 0。下三角矩阵主对角线以上的元素都为 0。

主对角线　　　　　副对角线　　　　上三角矩阵　　　下三角矩阵

用二维数组 a 表示 n×n（这里 n 为 3）矩阵时（i 表示行下标，j 表示列下标），对应关系如下：

```
a[0][0] a[0][1] a[0][2]        主对角线 i==j，副对角线 i + j == n - 1
a[1][0] a[1][1] a[1][2]        上三角矩阵 i<=j
a[2][0] a[2][1] a[2][2]        下三角矩阵 i>=j
```

【运行结果】

输入矩阵大小(2～10): 3✓

3□4□5✓

1□2□3✓

1□3□4✓

NO

输入矩阵大小(2～10): 4✓

1□1□1□1✓

0□1□1□1✓

0□0□1□1✓

0□0□0□1✓

YES

7. 编写程序,创建一个 4×4 的矩阵,矩阵的值为{{1, 2, 4, 5}, {6, 7, 8, 9}, {10, 11, 12, 13}, {14, 15, 16, 17}}, 显示该矩阵。求该矩阵的外围元素之和、主对角线元素之和以及副对角线元素之和。

求三类元素的和,可以定义 3 个不同的和变量,在遍历数组元素的循环中通过三次条件判断分别进行三类元素的求和。设行下标为 i,列下标为 j,考察三类元素的下标特征,外围元素要么行下标 i == 0 或者 i == n − 1(这里 n 为 4),要么列下标 j == 0 或者 j == n − 1;主对角线上的元素行下标和列下标相等(i == j);副对角线上的元素行下标和列下标之和等于 n − 1(i + j == n − 1)。

【运行结果】

```
 1  2  4  5
 6  7  8  9
10 11 12 13
14 15 16 17
```

矩阵外围元素之和:112

主对角线元素之和:37

副对角线元素之和:38

8. 编写程序,创建一个 3×4 的矩阵,矩阵的值是随机的两位正整数,显示该矩阵。找出矩阵的鞍点,鞍点是指本行最大、本列最小的元素,可能没有鞍点,也可能有多个鞍点。

鞍点是指本行最大、本列最小的元素。可以这样考虑:

(1)在一行中找出该行的最大值 max,记住其对应的行下标 max_row、列下标 max_column。

(2)在第 max_column 列中找出该列的最小值 min。

(3)如果 max == min,表示找到鞍点,按要求输出;否则换到下一行继续步骤(1)和(2)。

(4)如果每一行都找不到鞍点,则输出"没有鞍点"。

应该用一个控制行下标的循环实现。对于"如果每一行都找不到鞍点",可以引入一个初始值为 0 的标志变量 flag,不管在哪一行只要找到一个鞍点,就将 flag 设置为 1。这样,程序结束前只要对变量 flag 进行判断,如果 flag 为 0,就说明没有找到鞍点。

【运行结果】

```
41 89 31 39
96 94 15 20
40 96 86 11
```

鞍点为 a[0][1] = 89

程序每次运行的结果可能是不同的。

9. 编写程序，输出如下杨辉三角形：

```
1
1  1
1  2  1
1  3  3  1
1  4  6  4  1
```

每个正整数占 4 列。以左下三角的形式输出 5 行杨辉三角形。定义 5 行 5 列的二维数组来存储三角形，用主对角线作为 0 元素和非 0 元素的分界线。假设 i 和 j 分别表示二维数组的行、列下标。

（1）三角形两条腰上的元素均为 1。两条腰一个为第 0 列，一个为主对角线，在遍历二维数组的循环中，可以用以下条件语句完成两腰元素的赋值：

```
if(j == 0 || i == j)
    a[i][j] = 1;
```

（2）除两腰外，三角形覆盖的其余元素等于其两肩元素之和（上一行前一列元素和上一行同一列元素之和）。可以用以下条件语句完成除两腰以外其余元素的赋值：

```
if(j > 0 && i > j)
    a[i][j] = a[i - 1][j - 1] + a[i - 1][j]
```

10. 行列数相等的矩阵称为方阵。把正整数 $1 \sim n^2$（n 为奇数）排成一个 $n \times n$ 方阵，使得方阵中的每一行、每一列以及两条对角线上的数之和都相等，这样的方阵称为 "n 阶奇数幻方"。编写程序，输入 n，输出 n 阶奇数幻方。输入：一行 1 个正整数 n，$1 \leqslant n < 20$，n 为奇数。输出：共 n 行，每行 n 个正整数，每个正整数占 5 列。

声明二维数组 a 模拟填数的过程。先把数字 1 填在第 1 行的正中间 a[1][n/2+1]，然后循环穷举 k，填入数字 $2 \sim n^2$，每次先找位置再填数。找位置的规律如下：如果数 k 填在第 i 行第 j 列，那么通常情况下，下一个数 k+1 应该填在它的右上方，即第 i−1 行第 j+1 列。有两种特殊情况：如果右上方无格子，也就是越界了（i 为 0 或 j 为 n+1），那么把下一个数放到第 n 行或者第 1 列；如果右上方已经有数了，那么下一个数 k+1 应该填在第 k 个数的正下方。

【运行结果】

```
5↙
17    24     1     8    15
23     5     7    14    16
 4     6    13    20    22
10    12    19    21     3
11    18    25     2     9
```

第 *6* 章 指 针

6.1 本 章 要 点

指针是 C 语言最重要的特性之一。不理解指针的工作原理就不能很好地理解 C 程序。

指针就是内存地址，而指针变量就是存储内存地址的变量。

下面的语句声明了一个名为 p 的指针，它可以指向整型变量。

```
int *p;
```

取地址运算符 "&" 放置在变量前面，返回变量的内存地址。如果 x 是变量，则&x 就是变量 x 在内存中的地址。

在使用指针之前，必须对其进行初始化。只能给指针赋予 3 种类型的值。

（1）空指针 NULL：

```
p = NULL;
```

（2）同类型变量的地址：

```
int x;
p = &x;
```

（3）同类型的指针：

```
int *p, *q;
p = q;
```

空指针 NULL 用来明确表示指针不指向任何变量。NULL 可以赋值给任何类型的指针。

一旦指针指向了某个变量，就可以使用解引用运算符 "*" 访问存储在该变量中的内容。如果指针 p 指向整型变量 x，则*p 就是 x 的别名，*p 和 x 拥有相同的值，改变*p 的值也就改变了 x 的值，反之亦然。

当指针指向另一个指针变量时，称为指向指针的指针，也称多级指针。

相同类型的指针变量之间可以相互赋值。要注意区分指针赋值和值赋值。指针赋值使指针指向同一内存地址，而值赋值把某个指针所指向的变量的值赋给另一个同类型的指针所指向的变量。

通用指针，也称为 void 指针，即指向 void 类型的指针。void 指针可以指向任何类型的变量，任何其他类型的指针都可以直接赋值给 void 指针。

可以使用关键字 const 来修饰指针，防止数据被非法修改。

向函数传递参数有两种方式：值传递和引用传递。

当调用一个带参数的函数时，实参变量的值被传递给形参，无论函数中形参的值如何改变，实参变量的值都不会受到影响。这种函数参数传递方式称为值传递。

当调用一个带指针参数的函数时，实参变量的地址被传递给形参，形参和实参共享相同的变量，函数中形参的值改变了，实参变量的值也会受到影响。这种函数参数传递方式称为引用传递或共享传递。

指针既可以作为函数的参数，也可以作为函数的返回值。当函数的返回值是指针时，该函数称为指针型函数。指针型函数通常用来获取指针所指向的变量的值。

每个函数都有一个入口地址，而函数名就代表这个入口地址。调用函数就从这个入口地址开始执行。如果指针中存放的是函数的入口地址，那么这个指针就是函数指针。可以通过函数指针调用函数。

函数指针更重要的用途在于作为函数参数传递给某个函数，从而实现函数回调。回调函数就是一个通过函数指针调用的函数。如果把函数指针作为函数参数传递给某个函数，在该函数中，这个函数指针用于调用它所指向的函数时，就称这个函数是回调函数。

标准库函数 qsort()，基于快速排序算法，可以对任意数组进行排序。标准库函数 bsearch()，基于二分查找算法，可以对任意有序数组进行查找。

指针和数组的关系是非常密切的。当指针指向数组元素时，可以对指针进行算术运算和关系运算。数组名就是数组首元素地址。

数组长度在声明数组时指定，是固定的，在程序运行过程中不能根据需要扩大和缩小。利用"动态存储分配"机制，使程序在运行过程中能根据需要分配内存空间。动态存储分配的内存空间通常称为堆（heap）。

6.2　基础知识测验

6.2.1　单项选择题

1. 地址是指（　　　　）。
   A. 变量的类型
   B. 变量的值
   C. 变量所在的内存单元编号
   D. 变量本身

2. 指针（　　　　）。
   A. 的内容为指向内存的地址
   B. 是一块内存区域的别名
   C. 的内容不可变
   D. 不能为空

3. 若有 int x, y = 5, *p = &x;，则下列能完成 x = y 功能的是（　　　　）。
   A. *p = y;

    B.　*p = &y;

    C.　x = *p;

    D.　x = &y;

4. 如果 i 是变量，而 p 是指向 i 的指针，则下列表达式（　　　）可以代替 i。

    A.　*&p

    B.　&i

    C.　&*i

    D.　*&i

5. 如果 i 是 int 型的变量，且 p 和 q 都是指向 i 的指针，下列赋值（　　　）是有效的。

    A.　*p = q

    B.　p = i

    C.　&p = q

    D.　p = &*q

6. 若有 int a = 512, *p = &a;，则 *p 的值为（　　　）。

    A.　变量 a 的地址

    B.　512

    C.　0

    D.　NULL

7. 若有下列代码段：

```
int *p, a = 10, b = 1;
p = &a;
a = *p + b;
```

执行该代码段后，a 的值为（　　　）。

    A.　12

    B.　出错

    C.　10

    D.　11

8. 若有下列代码段：

```
int u = 4, v = 8, *p = &u, *q = &v;
q = NULL;
p = q;
*p = 3;
```

则 *p + *q 的结果是（　　　）。

    A.　出错

    B.　8

    C.　4

    D.　12

9. 假设 t 是整型变量，下面（　　　）选项可以交换指针 p 和 q 所指的 int 型变量的值。

    A.　t = p;

```
        *p = *q;
        q = t;
```

  B. t = &p;

```
        *p = *q;
        q = *t;
```

  C. t = *p;

```
        *p = *q;
        *q = t;
```

  D. t = p;

```
        p = q;
        q = t;
```

10.　若有函数原型 void f(int, int *); 和变量声明 int a =2, *p = &a;，则下列函数调用正确的是（　　　）。

  A. f(a, *p);

  B. f(*p, a);

  C. f(a, &p);

  D. f(*p, &a);

11.　以下函数的返回值是（　　　）。

```
char *fun(char *p){
    return p;
}
```

  A. p 自身的地址值

  B. p[0]这个字符

  C. p 指向的地址值

  D. 无意义的值

12.　定义一个指向数组 x 首地址的指针变量 p，下列语句中错误的是（　　　）。

  A. int x[5], *p = &x[2] – 2;

  B. int x[5], *p = &x[0];

  C. int x[5], *p = x;

  D. int x[5], p = x[0];

13.　执行下列语句：int x[5], *p = x;　p += 2;，则指针变量 p 指向数组 x 的（　　　）元素。

  A. x[2]

  B. x[3]

  C. x[0]

  D. x[1]

14.　若有 int x[10] = {1,2,3}, *m = x;，则不能表示地址的表达式是（　　　）。

  A. x

  B. &x[0]

C. *m

D. m

15. 若有 int a[10], *p = a;，则不与 a[5]等价的是（   ）。

   A. p + 5

   B. p[5]

   C. *(p + 5)

   D. *(a + 5)

16. 若有 int a[10] = {1, 2, 3, 4, 5, 6, 7, 8, 9, 10}, *p = a;，则数值为 6 的是（   ）。

   A. *p + 6

   B. p + 5

   C. *(p + 6)

   D. *p += 5

17. 设 p 和 q 是指向同一个 int 类型数组的指针变量且 q>p，k 为 int 类型的变量，则正确的表达式是（   ）。

   A. k = *(p + q)

   B. k = *(q – p)

   C. p + q

   D. k = *p * (*q)

18. 若有 int a[] = {0, 1, 2, 3, 4, 5, 6, 7, 8, 9}, *p = &a[0], i;，其中 0≤i≤9，则对 a 数组元素不正确的引用是（   ）。

   A. p[i]

   B. *p

   C. a[10]

   D. *(&a[i])

19. 若有 int *pa[5]; 下列描述中，正确的是（   ）。

   A. pa 是一个指向数组的指针，所指向的数组有 5 个 int 型元素

   B. pa 是指向数组首地址的指针

   C. pa 是一个具有 5 个元素的指针数组，每个元素是一个 int 型指针

   D. 语法错误

20. 下列关于内存泄漏问题的描述，错误的是（   ）。

   A. 需长期稳定运行的服务程序，需要频繁对内存操作且消耗空间较大的程序，通常对内存泄漏比较敏感

   B. 出现内存泄漏并不一定会导致系统发生异常，因为实际中内存耗尽的情况非常罕见。内存泄漏问题的严重程度取决于每次函数调用时遗留内存垃圾的多少和函数被调用的次数

   C. 指针变量所占的内存被释放了，也就意味着它所指向的动态内存也会被自动释放

   D. 内存泄漏问题通常需要运行相当一段时间后才能发现

21. 使用 malloc()函数动态分配内存时，下列说法正确的是（   ）。

    A.　分配的内存空间只能使用一个特定的指针访问

    B.　总是能获得一个指向所需内存空间首地址的指针

    C.　分配的内存空间不用时系统会自动收回

    D.　有可能获得空指针

22.　下列说法错误的是（　　　　）。

    A.　系统对使用 malloc() 函数动态分配的内存空间自动初始化为 0

    B.　malloc() 函数动态分配的内存空间使用结束后，应使用 free() 函数进行内存释放

    C.　realloc() 函数用于改变原来分配的内存空间的大小

    D.　void 指针可以指向任何类型的变量，是一种通用指针

23.　申请一个 m 行 n 列的整型二维动态数组，可以使用下面的（　　　　）语句。

    A.　p = (int *)malloc(m*n, sizeof(int));

    B.　p = (int *)calloc(m * n * sizeof(int));

    C.　p = (int *)malloc(m*n*sizeof(int));

    D.　int p[m][n];

24.　假设用语句 p = (int *)calloc(m*n, sizeof(int)); 申请了一块动态内存，并用指针变量 p 指向了它，用这块内存保存 m*n 个整型元素，即作为一个二维动态数组来使用，那么下面通过 p 访问这个二维动态数组第 i 行第 j 列元素的方法，正确的是（　　　　）。

    A.　*(p + i*n + j)

    B.　p[i][j]

    C.　p + i*n + j

    D.　p + i*n

6.2.2　填空题

1.　下列程序的输出结果是_____。

```c
#include <stdio.h>
int main(void){
    int a = 5, *b, **c;
    c = &b;
    b = &a;
    printf("%d\n", **c);
    return 0;
}
```

2.　下列程序的输出结果是_____。

```c
#include <stdio.h>
int main(void){
    int a, b, k = 4, m = 6, *p1 = &k, *p2 = &m;
    a = p1 == &m;
    b = (*p1) / (*p2) + 7;
    printf("%d#%d\n", a, b);
    return 0;
}
```

3. 下列程序的输出结果是_____。

```c
#include <stdio.h>
void swap(int *a, int *b){
    int *t;
    t = a;
    a = b;
    b = t;
}
int main(void){
    int x = 3, y = 5, *p = &x, *q = &y;
    swap(p, q);
    printf("%d#%d\n", *p, *q);
    return 0;
}
```

4. 下列程序的输出结果是_____。

```c
#include <stdio.h>
int f(int);
int any_function(int (*pf)(int));
int main(void){
    printf("%d\n", any_function(f));
    return 0;
}
int f(int i){
    return i * i + i - 12;
}
int any_function(int (*pf)(int)){
    int n = 0;
    while(pf(n))
        ++n;
    return n;
}
```

5. 下列程序的输出结果是_____。

```c
#include <stdio.h>
int x, y, z, w;
void p(int *y, int x){
    static int w;
    *y++;
    x++;
    w = x + *--y;
    printf("%d#%d#%d#%d#", x, *y, z, w);
}
int main(void){
    int x, y, z, w;
    x = y = z = w = 1;
    do{
        static int x;
```

```
        p(&x, y);
        printf("%d#%d#%d#%d", x, y, z, w);
    } while(0);
    return 0;
}
```

6. 如果从键盘上输入 3□5，下列程序的输出结果是_____。

```c
#include <stdio.h>
int main(void){
    int a, b, *pa, *pb;
    pa = &a;
    pb = &b;
    scanf("%d%d", &*pa, &*pb);
    *pa = a + b;
    *pb = a + b;
    printf("%d#%d\n", a, b);
    return 0;
}
```

7. 下列程序的输出结果是_____。

```c
#include <stdio.h>
int f(int *a, int *b){
    *a = 3;
    *b = 4;
    return *a + *b;
}
int main(void){
    int a = 1;
    int b = 2;
    int c = f(&a, &a);
    printf("%d%d%d\n", a, b, c);
    return 0;
}
```

8. 下列程序的输出结果是_____。

```c
#include <stdio.h>
void f1(int a){
    a++;
}
void f2(int *a){
    (*a)++;
    f1(*a);
}
int main(void){
    int a = 3;
    f2(&a);
    printf("%d\n", a);
    return 0;
}
```

9. 下列程序的输出结果是_____。

```c
#include <stdio.h>
int main(void){
    int a[] = {1, 2, 3, 4, 5, 6, 7, 8, 9, 0}, *p;
    for(p = a; *p; p++)
        printf("%d",*p);
    return 0;
}
```

10. 下列程序的输出结果是_____。

```c
#include <stdio.h>
int main(void){
    int a[] = {1, 2, 3, 4, 5, 6, 7, 8, 9, 10, 11, 12};
    int *p = a + 5, *q = NULL;
    *q= *(p + 5);
    printf("%d#%d\n", *p, *q);
    return 0;
}
```

6.3　实　例　学　习

【例 6.1】编写程序，交换两个整型变量的值，要求用函数实现。程序中有 swap1()、swap2() 和 swap3() 函数，分析哪个函数可以实现这样的功能。

```c
1   /* 例 6_1.c */
2   # include <stdio.h>
3   void swap1(int x, int y);
4   void swap2(int *x, int *y);
5   void swap3(int *x, int *y);
6   int main (void){
7       int num1, num2;
8       printf("输入整数 num1: ");
9       scanf("%d", &num1);
10      printf("输入整数 num2: ");
11      scanf("%d", &num2);
12      printf("交换前: ");
13      printf("num1=%d, num2=%d\n", num1, num2);
14      swap1(num1, num2);
15      printf("调用 swap1 交换后: ");
16      printf("num1=%d, num2=%d\n", num1, num2);
17      swap2(&num1, &num2);
18      printf("调用 swap2 交换后: ");
19      printf("num1=%d, num2=%d\n", num1, num2);
20      swap3(&num1, &num2);
21      printf("调用 swap3 交换后: ");
22      printf("num1=%d, num2=%d\n", num1, num2);
23      return 0;
```

```
24  }
25  void swap1(int x, int y){
26      int temp;
27      temp = x;
28      x = y;
29      y = temp;
30  }
31  void swap2(int *x, int *y){
32      int *temp;
33      temp = x;
34      x = y;
35      y = temp;
36  }
37  void swap3(int *x, int *y){
38      int temp;
39      temp = *x;
40      *x = *y;
41      *y = temp;
42  }
```

【运行结果】

输入整数 num1: 2↙
输入整数 num2: 6↙
交换前: num1=2, num2=6
调用 swap1 交换后: num1=2, num2=6
调用 swap2 交换后: num1=2, num2=6
调用 swap3 交换后: num1=6, num2=2

程序第 6～24 行是 main()函数，第 25～30 行是 swap1()函数，第 31～36 行是 swap2()函数，第 37～42 行是 swap3()函数。

swap2()函数和 swap3()函数的函数头相同，但函数体不同。从运行结果可以看出，swap3()函数可以实现交换功能，而 swap1()函数和 swap2()函数不能实现交换功能。

【例 6.2】编写程序，显示含有 sin、cos 和 tan 函数值的三角函数表。定义和调用函数：void tabulate(double (*fp)(double), double start, double end, double increment)。调用 tabulate()函数时，给函数指针参数 fp 传递 f()函数，就会显示出 f()函数的值，这里 f()函数可以是 sin()、cos()和 tan()函数。

```
1   /* 例 6_2.c */
2   #include <stdio.h>
3   #include <math.h>
4   void tabulate(double (*fp)(double), double, double, double);
5   int main(void){
6       double start, end, increment;
7       printf("输入起始值 start: ");
8       scanf("%lf", &start);
9       printf("输入终止值 end: ");
10      scanf("%lf", &end);
11      printf("输入步长 increment: ");
12      scanf("%lf", &increment);
```

```
13      printf("   x           sin(x)");
14      printf("\n-------     -------\n");
15      tabulate(sin, start, end, increment);
16      printf("   x           cos(x)");
17      printf("\n-------     -------\n");
18      tabulate(cos, start, end, increment);
19      printf("   x           tan(x)");
20      printf("\n-------     -------\n");
21      tabulate(tan, start, end, increment);
22      return 0;
23  }
24  void tabulate(double (*fp)(double), double start, double end, double
    increment){
25      int i, numIntervals;
26      double x;
27      numIntervals = ceil((end - start) / increment);
28      for(i = 0; i <= numIntervals; ++i){
29          x = start + i * increment;
30          printf("%7.5f %10.5f\n", x, fp(x));
31      }
32  }
```

【运行结果】

输入起始值 start: 0✓
输入终止值 end: 0.5✓
输入步长 increment: 0.1✓

```
   x           sin(x)
-------     -------
0.00000     0.00000
0.10000     0.09983
0.20000     0.19867
0.30000     0.29552
0.40000     0.38942
0.50000     0.47943
   x           cos(x)
-------     -------
0.00000     1.00000
0.10000     0.99500
0.20000     0.98007
0.30000     0.95534
0.40000     0.92106
0.50000     0.87758
   x           tan(x)
-------     -------
0.00000     0.00000
0.10000     0.10033
0.20000     0.20271
```

```
0.30000    0.30934
0.40000    0.42279
0.50000    0.54630
```

程序第 5～23 行是 main()函数，第 24～32 行是 tabulate()函数。

在标准数学函数库中，sin()、cos()和 tan()函数的声明为：double sin(double x)、double cos(double x)和 double tan(double x)，因此，tabulate()函数第一个参数是函数指针，所指向的函数有一个浮点型参数并返回浮点型值；第二、第三和第四个参数都是浮点型形参，分别对应三角函数值的起始弧度值、终止弧度值和步长；因为这 3 个值都是浮点数，直接作为 for 循环的起始值、终止值和步长是有隐患的，所以第 27 行通过这 3 个值并调用标准数学函数 ceil()取整计算出循环次数 numIntervals；在第 28～31 行的 for 循环中，每次循环计算出弧度值 x 并传递给函数指针 fp 所指向的三角函数，求出对应的三角函数值。

在 main()函数中，第 15 行将 sin()函数作为实参传递给 tabulate()函数的函数指针 fp，第 30 行通过函数指针 fp 回调 sin()函数，返回 sin()函数值；第 18 行将 cos()函数作为实参传递给 tabulate()函数的函数指针 fp，第 30 行通过函数指针 fp 回调 cos()函数，返回 cos()函数值；第 21 行将 tan()函数作为实参传递给 tabulate()函数的函数指针 fp，第 30 行通过函数指针 fp 回调 tan()函数，返回 tan()函数值。

【例 6.3】编写程序，演示矩阵乘法。

矩阵 A 和矩阵 B 相乘得到矩阵 C，必须满足如下规则：

（1）矩阵 A 的列数等于矩阵 B 的行数。

（2）矩阵 C 的行数等于矩阵 A 的行数。

（3）矩阵 C 的列数等于矩阵 B 的列数。

例如：

$$\begin{pmatrix} 5 & 7 \\ 8 & 3 \\ 7 & 4 \end{pmatrix} \times \begin{pmatrix} 12 & 3 & 6 \\ 4 & 2 & 7 \end{pmatrix} = \begin{pmatrix} 88 & 29 & 79 \\ 108 & 30 & 69 \\ 100 & 29 & 70 \end{pmatrix}$$

在结果矩阵中，第 1 行第 1 列的元素是 88，通过 5×12+7×4 得到。

假设矩阵 A 是 $m×n$ 矩阵，矩阵 B 是 $n×p$ 矩阵，矩阵 C 是 $m×p$ 矩阵。一个 m 行 n 列的矩阵 A 可以乘以一个 n 行 p 列的矩阵 B，得到的结果是一个 m 行 p 列的矩阵 C，其中矩阵 C 第 i 行第 j 列位置上的数等于矩阵 A 第 i 行上的 n 个数与矩阵 B 第 j 列上的 n 个数对应相乘后所有 n 个乘积的和。即 $c_{ij} = \sum_{k=1}^{n} a_{ik} \times b_{kj}$。

一个矩阵就是一个二维数组。这里使用指向指针的指针变量来表示二维数组（矩阵），并通过动态存储分配为矩阵分配内存空间。

```
1    /* 例 6_3.c */
2    #include <stdio.h>
3    #include <stdlib.h>
4    void mulMatrix(int **a, int **b, int **c, int cRow, int cCol, int aCol);
5    void printMatrix(int **array, int arrayRow, int arrayCol);
```

```
6    int main(void){
7        int i, j;
8        int aRow, aCol;
9        int bRow, bCol;
10       int cRow, cCol;
11       int **a, **b, **c;
12       printf("请输入矩阵A的行数和列数：");
13       scanf("%d%d", &aRow, &aCol);
14       bRow = aCol;              /* 矩阵B的行数等于矩阵A的列数 */
15       printf("请输入矩阵B的列数：");
16       scanf("%d", &bCol);
17       cRow = aRow;              /* 矩阵C的行数等于矩阵A的行数 */
18       cCol = bCol;              /* 矩阵C的列数等于矩阵B的列数 */
19       a = (int **)malloc(sizeof(int *) * aRow);
20       for(i = 0; i < aRow; ++i)
21          a[i] = (int *)malloc(sizeof(int) * aCol);
22       b = (int **)malloc(sizeof(int *) * bRow);
23       for(i = 0; i < bRow; ++i)
24          b[i] = (int *)malloc(sizeof(int) * bCol);
25       c = (int **)malloc(sizeof(int *) * cRow);
26       for(i = 0; i < cRow; ++i)
27          c[i] = (int *)malloc(sizeof(int) * cCol);
28       printf("请输入矩阵A[%d][%d]的值\n", aRow, aCol);
29       for(i = 0; i < aRow; ++i)
30          for(j = 0; j < aCol; ++j)
31             scanf("%d",&a[i][j]);
32       printf("请输入矩阵B[%d][%d]的值\n", bRow, bCol);
33       for(i = 0; i < bRow; ++i)
34          for(j = 0; j < bCol; ++j)
35             scanf("%d",&b[i][j]);
36       mulMatrix(a, b, c, cRow, cCol, aCol);
37       printf("矩阵A和矩阵B的乘积\n");
38       printMatrix(c, cRow, cCol);
39       return 0;
40    }
41    void mulMatrix(int **a, int **b, int **c, int cRow, int cCol, int aCol){
42       int i, j, k;
43       for(i = 0; i < cRow; ++i){
44          for(j = 0; j < cCol; ++j){
45             c[i][j] = 0;
46             for(k = 0; k < aCol; ++k)
47                c[i][j] += a[i][k] * b[k][j];
48          }
49       }
50    }
51    void printMatrix(int **array, int arrayRow, int arrayCol){
```

```
52          int i, j;
53          for(i = 0; i < arrayRow; ++i){
54              for(j = 0; j < arrayCol; ++j){
55                  printf("%d ", array[i][j]);
56              }
57              printf("\n");
58          }
59      }
```

【运行结果】

请输入矩阵 A 的行数和列数：3□2✓

请输入矩阵 B 的列数：3✓

请输入矩阵 A[3][2]的值

5□7✓

8□3✓

7□4✓

请输入矩阵 B[2][3]的值

12□3□6✓

4□2□7✓

矩阵 A 和矩阵 B 的乘积

88□29□79

108□30□69

100□29□70

每次运行的结果可能是不同的。

程序第 6～40 行是 main()函数，第 41～50 行是 mulMatrix()函数，第 51～59 行是 printMatrix()函数。

在 main()函数中，第 11 行声明了指向指针的指针变量 a、b 和 c，它们所指向的是一个一维整型指针数组，其中的每个元素是一个整型指针，分别指向一个一维整型数组；第 13 行输入矩阵 A 的行数和列数；第 16 行输入矩阵 B 的列数，矩阵 B 的行数等于矩阵 A 的列数；矩阵 C 的行数等于矩阵 A 的行数，矩阵 C 的列数等于矩阵 B 的列数。第 19～21 行根据矩阵 A 的行数和列数为其动态存储分配内存空间，第 19 行创建一个一维整型指针数组 a，第 20～21 行为一维整型指针数组 a 中的每个元素 a[i]创建一个一维整型数组，如图 6.1(a)所示；第 22～24 行根据矩阵 B 的行数和列数为其动态存储分配内存空间，第 22 行创建一个一维整型指针数组 b，第 23～24 行为一维整型指针数组 b 中的每个元素 b[i]创建一个一维整型数组，如图 6.1(b)所示；第 25～27 行根据矩阵 C 的行数和列数为其动态存储分配内存空间，第 25 行创建一个一维整型指针数组 c，第 26～27 行为一维整型指针数组 c 中的每个元素 c[i]创建一个一维整型数组，如图 6.1(c)所示。

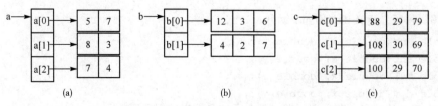

图 6.1   矩阵 a、b 和 c 的逻辑结构

第 29～31 行通过 for 循环输入矩阵 A 的值；第 33～35 行通过 for 循环输入矩阵 B 的值；第 36 行调用 mulMatrix()函数计算矩阵 A 和矩阵 B 的乘积并存放在矩阵 C 中；第 38 行输出矩阵 C 的值。

mulMatrix()函数用于求矩阵的乘积。第 1 个参数 a 是二维数组（矩阵）；第 2 个参数 b 是二维数组（矩阵）；第 3 个参数 c 是二维数组（矩阵）；第 4 个参数是 c 的行数；第 5 个参数是 c 的列数；第 6 个参数是 a 的列数（b 的行数）。根据矩阵乘法公式，通过第 43～49 行的两重 for 循环求出矩阵 a 和矩阵 b 的乘积并存放在矩阵 c 中。

printMatrix()函数用于输出矩阵的值。第 1 个参数 array 是二维数组（矩阵）；第 2 个参数 arrayRow 是数组行长度（矩阵行数）；第 3 个参数 arrayCol 是数组列长度（矩阵列数）。通过第 53～58 行的两重 for 循环按行输出矩阵的值。

6.4 本 章 实 验

6.4.1 实验目的

正确理解指针的概念；掌握指针的声明和使用；正确理解指针和函数的关系；正确理解函数回调，掌握函数指针的用法；正确理解指针和数组的关系；掌握动态存储分配。

6.4.2 实验内容

1. 编写程序，定义和调用函数 void reset(int *a, int *b)，重置两个变量的值，函数内部将两个变量的值重置为两个变量原值的平均数（出现小数则四舍五入）。

一行中输入两个待重置的值，以空格间隔。

一行中输出重置后的两个值，以空格间隔。

【运行结果】

```
7□14↙
11□11
```

2. 编写程序，定义和调用函数 int sum(int (*fp)(int), int start, int end)和 int f(int x)，f()函数的功能是求 x 的平方；从键盘输入两个整数，存放在变量 num1 和 num2 中，要求 num1≤num2；调用函数 sum(f, num1, num2)，求出 f(num1)+…+f(num2)的值。

例如，假设 num1 为 1，num2 为 5，则 f(1)为 1^2、f(2)为 2^2、f(3)为 3^2、f(4)为 4^2、f(5)为 5^2、f(1)+…+f(5)的值为 55（$1^2+2^2+3^2+4^2+5^2$）。

【运行结果】

```
1↙
5↙
55
```

3. 编写程序，定义和调用如下函数：

```
double add(double x, double y);
double sub(double x, double y);
double mul(double x, double y);
double div(double x, double y);
```

求两个浮点数的和、差、积、商，要求通过函数指针回调函数。

一行中输入两个浮点数，以空格间隔。

分行输出两个浮点数的和、差、积、商。

【运行结果】

10.0□5.0↙

15.000000

5.000000

50.000000

2.000000

第7章 字符串

7.1 本章要点

字符串是由若干个字符构成的序列。在 C 语言中，字符串以'\0'字符结尾。用这种方式表示字符串是为了处理方便。

字符串常量用括在双引号内的字符序列来表示，双引号不是字符串的一部分，只是起分隔作用。C 编译器会自动在字符串常量的最后一个字符后面加上'\0'字符。

可以用一维字符数组来存放字符串。

在声明用于存放字符串的一维字符数组时，要保证数组长度比字符串长度多一个字符，给'\0'字符预留位置。

还可以通过字符指针来处理字符串。字符指针指向字符串常量，或者指向存放字符串的字符数组。字符指针指向了字符串的首字符。

字符数组和字符指针有重要的区别。字符数组名是常量，要改变字符数组中存放的字符串，不能直接对它赋值。但可以通过改变字符指针，让它指向新的字符串。

如果要处理多个字符串，可以使用二维字符数组或指向字符串的指针数组。

声明二维字符数组时必须指定数组的列长度，该长度要能够容纳最长的字符串（包括'\0'字符）。由于各个字符串的长度参差不齐，就会造成内存空间的浪费。而指向字符串的指针数组就不存在这样的问题。

可以使用 scanf()函数和 printf()函数，通过格式符%s，对字符串进行输入/输出操作。或者使用 gets()函数和 puts()函数进行输入/输出操作。

scanf()函数在把字符串读入字符数组时，不需要在字符数组名前添加取地址运算符"&"。

scanf()函数会跳过前导空白字符，持续读入字符并存放到字符数组中，直至遇到空白字符或回车，并在字符串的末尾自动添加'\0'字符。

gets()函数不会跳过前导空白字符，持续读入字符并存放到字符数组中，直至遇到回车，并在字符串的末尾自动添加'\0'字符。

为了使用标准字符串处理函数，必须包含 string.h 头文件。

7.2 基础知识测验

7.2.1 单项选择题

1. 若有 char x[] = "China";，则 x 所占据的空间为（   ）。

A. 5 个字节

B. sizeof(x)

C. 7 个字节

D. 8 个字节

2. 下列不能正确进行字符串初始化的是（   ）。

A. char str[8] = {'g', 'o', 'o', 'd', '!'};

B. char str[8] = "good!";

C. char *str = "good!";

D. char str[] = {'g', 'o', 'o', 'd', '!'};

3. 下列不能正确赋值的是（   ）。

A. char s4[7] = {"cbest\n"};

B. char s1[10]; s1 = "cbest";

C. char s2[] = {'c', 'b', 'e', 's', 't'};

D. char s3[10] = "cbest";

4. 若有 char x[] = "abcd"; char y[] = {'a', 'b', 'c', 'd'};，下列说法正确的是（   ）。

A. 数组 x 的长度大于数组 y 的长度

B. 两个数组的长度相同

C. 数组 x 的长度小于数组 y 的长度

D. 数组 x 和数组 y 的值相同

5. 若有 char a[][20] = {"Beijing","Shanghai","Hangzhou"}; 执行 printf("%s", a[3]);，得到的输出是（   ）。

A. j

B. 数组定义错误

C. Hangzhou

D. 输出结果不确定

6. 若有 char str1[8], str2[8] = "good";，则不能将 str2 的内容赋给 str1 的是（   ）。

A. str1 = str2;

B. strncpy(str1,str2,6);

C. strcpy(str1, str2);

D. str1[0] = 0; strcat(str1, str2);

7. 下列（   ）表达式能判断 str1 和 str2 的内容是否相同。

A. strcmp(str1, str2) == 0

B. strcmp(str1, str2)

    C. str1 = str2

    D. strncmp(str1, str2, strlen(str1)) == 0

8. 假如 str 是字符数组，下列（　　　）选项与其他选项不等价。

    A. *str = 0;

    B. strcat(str, "");

    C. str[0] = '\0';

    D. strcpy(str, "");

9. 字符串 sx 小于字符串 sy 的正确布尔表达式是（　　　）。

    A. strlen(sx) < strlen(sy)

    B. strcmp(sx, sy) < 0

    C. sx < sy

    D. sx[0] < sy[0]

10. 若有 char a[10] = { "abcd" }, *p = a;，则 *(p + 4) 的值是（　　　）。

    A. 不能确定

    B. 'd'

    C. '\0'

    D. "abcd"

11. 下列程序的功能是（　　　）。

```c
#include <stdio.h>
int main(void){
    char str[10] = "array";
    int i, j = 0;
    for(i = 0; str[i] > '\0' ; i++)
        j++;
    printf("%d\n", j);
    return 0;
}
```

    A. 将数字字符串转换成十进制数

    B. 将字符数组中的大写字母转换成小写

    C. 将字符数组中的数字转换成对应的字母

    D. 求字符数组长度

12. 下列程序运行时，从键盘上输入由数字组成的字符串，该程序的功能是（　　　）。

```c
#include <stdio.h>
int main(void){
    char ch[5];
    int i, s = 0;
    gets(ch);
    for(i = 0; ch[i] > '\0'; i++)
        s = 10 * s + ch[i] - '0';
    printf("%d\n", s);
    return 0;
}
```

A. 将数字字符串 ch 转换成十进制数

B. 将字符数组中的大写字母转换成小写

C. 求字符数组长度

D. 将字符数组中的数字转换成对应的字母

13. 下列程序的功能是（　　　）。

```c
#include <stdio.h>
#include <string.h>
int main(void){
    char a[] = "programming", t;
    int i, j, k;
    k = strlen(a);
    for(i = 0; i <= k - 1; i++)
        for(j = i + 1; j < k; j++)
            if(a[i] < a[j]){
                t = a[i];
                a[i] = a[j];
                a[j] = t;
            }
    printf("%s\n", a);
    return 0;
}
```

A. 将字符数组中的元素从小到大排序

B. 求字符数组中的最小元素

C. 将字符数组中的元素从大到小排序

D. 求字符数组中的最大元素

14. 下列函数的功能是（　　　）。

```c
void fun(char *s1, char *s2){
    while(*s2++ = *s1++);
}
```

A. 串反向

B. 串复制

C. 求串长

D. 串比较

15. 执行下列程序后，输出结果是（　　　）。

```c
#include <stdio.h>
#include <string.h>
int main(void){
    char s1[10], *s2 = "ab\0cdef";
    strcpy(s1,s2);
    puts(s1);
    return 0;
}
```

A. ab\0cdef

B. 内容不确定

C. ab

D. cdef

16. 下面程序的输出结果是 abc_abc_def。change()函数的功能是将英文大写字母转换为小写字母，按要求在_____处填写适当内容，使程序完整并符合题目要求。

```
1. #include <stdio.h>
2. void change(_____)
3. {
4.     for(;_____;ch++)
5.     {
6.         if(_____)
7.             _____;
8.     }
9. }
10. int main(void)
11. {
12.     char s[] = "ABC_abc_DEF";
13.     change(s);
14.     printf("%s\n", s);
15.     return 0;
16. }
```

A. 第 2 行：char *ch
第 4 行：*ch != '\0'
第 6 行：ch >= 'A' && ch <= 'Z'
第 7 行：ch = ch – 'A' + 'a'

B. 第 2 行：char ch[]
第 4 行：*ch == '\0'
第 6 行：*ch >= 'A' || *ch <= 'Z'
第 7 行：*ch = *ch – 'A' + 'a'

C. 第 2 行：char ch
第 4 行：ch != '\0'
第 6 行：*ch >= 'A' && *ch <= 'Z'
第 7 行：*ch = *ch – 'A' + 'a'

D. 第 2 行：char *ch
第 4 行：*ch != '\0'
第 6 行：*ch >= 'A' && *ch <= 'Z'
第 7 行：*ch = *ch – 'A' + 'a'

17. 下列程序的功能是实现字符串逆序存放。按要求在_____处填写适当内容，使程序完整并符合题目要求。假如输入 ABCDEFGHI，则输出 IHGFEDCBA。

```
1. #include <stdio.h>
2. #include <string.h>
```

```
3.  #define N 80
4.  void inverse(char *pStr);
5.  int main(void)
6.  {
7.      char a[N + 1];
8.      gets(a);
9.      inverse(a);
10.     printf("%s\n", a);
11.     return 0;
12. }
13. /* 将字符数组中的字符串逆序存放 */
14. void inverse(_____)
15. {
16.     int  len;
17.     char t;
18.     char *pStart;            /* 指向字符串的第一个字符 */
19.     char *pEnd;              /* 指向字符串的最后一个字符 */
20.     len = strlen(pStr);      /* 求出字符串长度 */
21.     for(pStart = pStr, _____; pStart < pEnd; pStart++, _____)
22.     {
23.         t = *pStart;
24.         _____;
25.         *pEnd = t;
26.     }
27. }
```

    A. 第 14 行：char *pStr

       第 21 行：第一空：pEnd = pStr + len −1，第二空：pEnd−−

       第 24 行：*pStart = *pEnd

    B. 第 14 行：char pStr

       第 21 行：第一空：pEnd = pStr + len，第二空：pEnd−−

       第 24 行：*pStart = *pEnd

    C. 第 14 行：char pStr

       第 21 行：第一空：pEnd = pStr + len + 1，第二空：pEnd++

       第 24 行：*pStart = *pEnd

    D. 第 14 行：char *pStr

       第 21 行：第一空：pEnd = pStr + len − 1，第二空：pEnd++

       第 24 行：pStart = pEnd

   18. 下列程序的功能是从键盘输入一行字符（最长不超过 80 个字符），用 countWords()函数编程统计其中单词（以空格作为间隔符的字符串）的个数。按要求在_____处填写适当内容，使程序完整并符合题目要求。基本思路是：当前被检测字符不是空格，而前一被检测字符是空格，则表示有新单词出现。假设输入：How are you，则输出：3。注意：下面答案中两个单引号之间都有一个空格。

```
1.  #include <stdio.h>
2.  int countWords(char str[]);
3.  int main(void)
4.  {
5.      char str[81];
6.      int num;
7.      gets(str);
8.      num = countWords(str);
9.      printf("%d\n", num);
10.     return 0;
11. }
12. int countWords(char str[])
13. {
14.     int  i, num;
15.     num = (_____) ? 1 : 0;
16.     i = 1;
17.     while(str[i] != '\0')
18.     {
19.         if (_____)
20.         {
21.             num++;
22.         }
23.             _____;
24.     }
25.     return num;
26. }
```

    A. 第 15 行：str[0] != '\0 '

       第 19 行：str[i] == ' ' && str[i – 1] == ' '

       第 23 行：i++

    B. 第 15 行：str[0] != ' '

       第 19 行：str[i] != ' ' && str[i – 1] == ' '

       第 23 行：i++

    C. 第 15 行：str[0] == ' '

       第 19 行：str[i] != ' ' || str[i – 1] == ' '

       第 23 行：i++

    D. 第 15 行：str[0] != ' '

       第 19 行：str[i] != ' ' && str[i – 1] != ' '

       第 23 行：num++

19. squeeze()函数的功能是删除字符串 s 中所出现的与变量 c 相同的字符。假设输入：

abcdef

c

则输出：

abdef

按要求在_____处填写适当内容，使程序完整并符合题目要求。

```
1.  #include <stdio.h>
2.  #include <string.h>
3.  void squeeze(char *s, char c);
4.  int main(void)
5.  {
6.      char  a[81], c, *s;
7.      s = a;
8.      gets(a);
9.      scanf("%c", &c);
10.     squeeze(s, c);
11.     printf("%s\n", s);
12.     return 0;
13. }
14. void  squeeze(char *s, char c)
15. {
16.     int i, j;
17.     for(i = j = 0; s[i] != '\0'; i++)
18.     {
19.         if (_____)
20.         {
21.             _____;
22.             j++;
23.         }
24.     }
25.     _____;          /* 在字符串末尾添加字符串结束标志 */
26. }
```

　A. 第 19 行：s[j] != c

　　　第 21 行：s[i] = s[j]

　　　第 25 行：s[j] = '\0'

　B. 第 19 行：s[i] != c

　　　第 21 行：s[j] = s[i]

　　　第 25 行：s[j] = '\0'

　C. 第 19 行：s[i] == c

　　　第 21 行：s[j] = s[i]

　　　第 25 行：s[i] = '\0'

　D. 第 19 行：s[j] == c

　　　第 21 行：s[j] = s[i]

　　　第 25 行：s[i] = '\0'

20. 口袋中有若干红、黄、蓝、白、黑 5 种颜色的球，每次从口袋中取出 3 个球，编程输出得到 3 种不同颜色的球的所有可能取法。下面程序用三重循环模拟取球过程，但每次取出的球如果与前面的球颜色相同就抛弃。程序的运行结果如下：

```
1:RED,YELLOW,BLUE
2:RED,YELLOW,WHITE
3:RED,YELLOW,BLACK
4:RED,BLUE,WHITE
5:RED,BLUE,BLACK
6:RED,WHITE,BLACK
7:YELLOW,BLUE,WHITE
8:YELLOW,BLUE,BLACK
9:YELLOW,WHITE,BLACK
10:BLUE,WHITE,BLACK
```

按要求在_____处填写适当内容，使程序完整并符合题目要求。

```
1.  #include <stdio.h>
2.  int main(void)
3.  {
4.      char *bColor[] = {"RED", "YELLOW", "BLUE", "WHITE", "BLACK"};
5.      int i, j, k, m = 0;
6.      for(i = 0; i < 5; i++)
7.      {
8.          for(_____; j < 5; j++)
9.          {
10.             for(_____; k < 5; k++)
11.             {
12.                 m++;
13.                 printf("%d:%s,%s,%s\n", _____);
14.             }
15.         }
16.     }
17.     return 0;
18. }
```

    A. 第8行：j = 0
       第10行：k = 0
       第13行：m, *bColor[i], *bColor[j], *bColor[k]

    B. 第8行：j = i
       第10行：k = j
       第13行：m, *(bColor + i), *(bColor + j), *(bColor + k)

    C. 第8行：j = i + 1
       第10行：k = j + 1
       第13行：m, bColor[i], bColor[j], bColor[k]

    D. 第8行：j = 1
       第10行：k = 1
       第13行：m, *bColor + i, *bColor + j, *bColor + k

7.2.2　填空题

1. 若程序中使用了标准字符处理函数，必须包含_____头文件。

2. 若程序中使用了标准字符串处理函数，必须包含_____头文件。

3. 在 C 语言中，字符串的结束标志是_____。

4. 表达式 strlen("hello")的值是_____。

5. 执行如下代码段，输出结果是_____。

```c
char *a[2] = {"one", "two"}, **p = a;
printf("%s\n", *(p++) + 1);
```

6. 执行如下程序，从键盘输入字符串"abcdefg"，输出结果是_____。

```c
#include <stdio.h>
#include <string.h>
#define SIZE 100
void strChange(char str[]){
    int n = strlen(str);
    if(n ==0 || n == 1)
        return;
    else{
        int i, j;
        for(i = 0, j = n - 1; i <= n / 2 - 1; i++, j--){
            char ch;
            ch = str[i];
            str[i] = str[j];
            str[j] = ch;
        }
    }
}
int main(void ){
    char str[SIZE];
    scanf("%s", str);
    strChange(str);
    printf("%s\n", str);
    return 0;
}
```

7. 执行如下程序，输出结果是_____。

```c
#include <stdio.h>
#include <string.h>
int main(void){
    char s[10], sp[] = "HELLO";
    strcpy(s, sp);
    s[0] = 'h';
    s[6] = '!';
    printf("%s\n", s);
    return 0;
}
```

8. 执行如下程序，从键盘输入字符串"level"，输出结果是_____。

```c
#include <stdio.h>
#include <string.h>
int main(void){
    char s[81], *pi, *pj;
    int n;
    gets(s);
    n = strlen(s);
    pi = s;
    pj = s + n - 1;
    while(*pi == ' ') pi++;          /* 跳过空格 */
    while(*pj == ' ') pj--;
    while((pi < pj) && (*pi == *pj)){
        pi++;
        pj--;
    }
    if(pi < pj)
        printf("NO\n");
    else
        printf("YES\n");
    return 0;
}
```

9. 下列程序的功能是：统计子字符串 substr 在字符串 str 中出现的次数。

```c
int count(char *substr, char *str){
    int i, j, k, n = 0;
    for(i = 0; str[i]; i++)
        for(j = i, k = 0; substr[k] == str[j]; k++, j++)
            if(substr[k+1] == '\0'){
                n++;
                _____;
            }
    return n;
}
```

例如，若字符串为"aaas lkaaas"，子字符串为"as"，则应输出 2；若字符串为"asasasa"，子字符串为"asa"，则应输出 3。

在横线处填上恰当的成分，使程序完成题目要求的功能。

10. 下列程序的功能是：从输入的 10 个字符串中找出并输出最长的字符串，若有多个，则输出第一个。在横线处填上恰当的成分，使程序完成题目要求的功能。

```c
#include <stdio.h>
#include <string.h>
int main(void){
    char str[10][81], *sp;
    int i;
    for(i = 0; i < 10; ++i)
        gets(str[i]);
```

```
    sp = str[0] ;
    for(i = 0; i < 10; ++i)
        if(strlen(sp) < strlen(str[i]))
                _____;
    printf("%s\n", sp);
    return 0;
}
```

7.3 实 例 学 习

【例 7.1】编写程序，输入一个整数 n，求各位上的数字和。

输入一行一个整数 n，n 最多有 200 位。

输出一行一个整数，表示整数 n 的各位数字之和。

由于 n 可能有 200 位，C 语言的任何整数类型都是不可存储的。因此，定义一个一维字符数组存放这个大整数，然后把每个数字字符转换成数值然后累加求和。

```
1   /* 例7_1.c */
2   #include <stdio.h>
3   #include <string.h>
4   #define STRING_LENGTH 200
5   int main(void){
6       int i, length, total = 0;
7       char n[STRING_LENGTH + 1];
8       scanf("%s", n);
9       length = strlen(n);
10      for(i = 0; i < length; ++i)
11          total += n[i] - '0';
12      printf("%d\n", total);
13      return 0;
14  }
```

【运行结果】

```
1234↙
10
```

程序第 7 行定义了一个长度为 201 的字符数组 n。输入字符串的最大长度是 200 个字符，数组最后一个元素存放字符串的结束标记'\0'。第 9 行求字符串的长度。第 11 行将数字字符转换为数值并累加求和。

【例 7.2】编写程序，判断一个由 a~z 这 26 个字符组成的字符串中哪个字符出现的次数最多。

输入第一行是一个正整数 n。下面共有 n 行，每行是一个由 a~z 这 26 个字符组成的字符串，不超过 1000 个字符且非空。

输出 n 行，每行输出对应一个输入，包括出现次数最多的字符和该字符出现的次数，以空格间隔。若有多个字符出现的次数相同且最多，那么输出 ASCII 码最小的那个字符。

```
1   /* 例7_2.c */
2   #include <stdio.h>
3   #include <string.h>
```

```
4    #define STRING_LENGTH 1000
5    int main(void){
6        int i, n, length, max;
7        char str[STRING_LENGTH + 1];
8        int count[26];
9        scanf("%d", &n);
10       while(n--){
11           scanf("%s", str);
12           length = strlen(str);
13           for(i = 0; i < 26; ++i)
14               count[i] = 0;
15           for(i = 0; i < length; ++i)
16               count[str[i] - 'a']++;
17           max = 0;
18           for(i = 0; i < 26; ++i)
19               if(count[i] > count[max])
20                   max = i;
21           printf("%c %d\n", 'a' + max, count[max]);
22       }
23       return 0;
24   }
```

【运行结果】

2↙

abbccc↙

adfadffasdf↙

c 3

f 4

程序第 7 行定义了一个长度为 1001 的字符数组 str。输入字符串的最大长度是 1000 个字符，数组最后一个元素存放字符串的结束标记'\0'。第 8 行定义一个长度为 26 的整型数组 count，记录一个输入字符串中每个字母出现的次数。字符串 str 中，字母 str[i] 的出现次数记录在数组 count[str[i] – 'a']中。

程序第 17~20 行判断输入字符串中，哪个字符出现的次数最多。max 中记录出现次数最多的字符所在的下标。因为 count 数组下标 0~25 与 a~z 是一一对应的，'a' + max 即为出现次数最多的字符。

【例 7.3】编写程序，设有 n（n≤20）个正整数，每个正整数均在整型范围内，将它们连接成一排组成一个最大的多位整数。

输入第一行一个正整数 n；第二行包含 n 个正整数，以空格间隔。

输出一行一个正整数，表示连接成的最大正整数。

把 n 个数当成字符串处理，以两个数字串连接后的大小决定两个数字串的先后顺序。若 s1 + s2 > s2 + s1，则 s1 排在前面，即认为 s1 > s2；若 s1 + s2 < s2 + s1，则认为 s1 < s2。按照这个比较规则对所有数字字符串进行排序并输出。

```
1    /* 例7_3.c */
2    #include <stdio.h>
```

```
3    #include <string.h>
4    int main(void){
5        int i, j, n;
6        char num[21][30], s1[60], s2[60];
7        scanf("%d", &n);
8        for(i = 1; i <= n; ++i)
9            scanf("%s", num[i]);
10       for(i = 1; i < n; ++i){
11           for(j = i + 1; j <= n; ++j){
12               strcpy(s1, num[i]);
13               strcpy(s2, num[j]);
14               strcat(s1, num[j]);
15               strcat(s2, num[i]);
16               if(strcmp(s1, s2) < 0){
17                   strcpy(s1, num[i]);
18                   strcpy(num[i], num[j]);
19                   strcpy(num[j], s1);
20               }
21           }
22       }
23       for(i = 1; i <= n; ++i)
24           printf("%s", num[i]);
25       printf("\n");
26       return 0;
27   }
```

【运行结果】

3✓

13 312 343✓

34331213

4✓

7 13 4 246✓

7424613

程序第 6 行定义了一个二维字符数组 num 用于存放最多 20 个数字串。输入数字串的最大长度是 29 个字符，数组最后一个元素存放字符串的结束标记'\0'。字符数组 s1 和 s2 可以容纳两个数字串连接后形成的新数字串，最大长度是 59 个字符，数组最后一个元素存放字符串的结束标记'\0'。

第 10～22 行的两重循环将数字串从大到小排序。第 14 行连接两个数字串，即 s1 + s2；第 15 行连接两个数字串，即 s2 + s1。第 16 行比较 s1 + s2 < s2 + s1，若为真，则 s1 < s2，交换 s1 和 s2，确保 s1 排在前面。

7.4　本章实验

7.4.1　实验目的

正确理解字符串的概念；掌握字符串的声明和使用；掌握字符串的基本操作。

7.4.2 实验内容

1. 编写程序，输入一个字符串，提取该字符串中的所有数字字符（'0'…'9'），将其转换为整数输出。

在一行中输入一个不超过 80 个字符且以回车结束的字符串。

在一行中输出转换后的整数。题目保证输出不超过整型范围。

【运行结果】

```
jeep5free82↙
582
```

2. 脱氧核糖核酸（DNA）由两条互补的碱基链以双螺旋的方式结合而成。而构成 DNA 的碱基共有 4 种，分别为腺嘌呤（A）、鸟嘌呤（G）、胸腺嘧啶（T）和胞嘧啶（C）。在两条互补碱基链的对应位置上，腺嘌呤总是和胸腺嘧啶配对，鸟嘌呤总是和胞嘧啶配对。你的任务就是根据一条单链上的碱基序列，给出对应的互补链上的碱基序列。

输入第一行是一个正整数 n，表明共有 n 条要求解的碱基链。下面共有 n 行，每行用一个字符串表示一条碱基链。这个字符串只含有大写字母 A、T、G、C，分别表示腺嘌呤、胸腺嘧啶、鸟嘌呤和胞嘧啶。每条碱基链的长度都不超过 255。

输出共有 n 行，每行为一个只含有大写字母 A、T、G、C 的字符串，分别为与输入的各碱基链互补的碱基链。

【运行结果】

```
5↙
ATATGGATGGTGTTTGGCTCTG↙
TCTCCGGTTGATT↙
ATATCTTGCGCTCTTGATTCGCATATTCT↙
GCGTTTCGTTGCAA↙
TTAACGCACAACCTAGACTT↙
TATACCTACCACAAACCGAGAC
AGAGGCCAACTAA
TATAGAACGCGAGAACTAAGCGTATAAGA
CGCAAAGCAACGTT
AATTGCGTGTTGGATCTGAA
```

3. 编写程序，判断从键盘输入的一个字符串是否为回文串，若是输出 Yes，否则输出 No。回文串是指正读和反读都一样的字符串，如 level。

【运行结果】

```
abcddcba↙
Yes
```

4. 编写程序，输入一个字符串，统计并输出该字符串中大写辅音字母的个数（大写辅音字母：除 A、E、I、O、U 以外的大写字母）。

【运行结果】

```
HELLO↙
3
group↙
0
```

5. 编写程序，输入一个字符串，统计并输出该字符串中 26 个英文字母（不区分大小写）出现的次数。

【运行结果】

```
I am a student.↙
a: 2
d: 1
e: 1
i: 1
m: 1
n: 1
s: 1
t: 2
u: 1
```

6. 编写程序，输入 5 个字符串，输出其中最大的字符串。

【运行结果】

```
red↙
blue↙
yellow↙
green↙
purple↙
yellow
```

7. 编写程序，检查两个单词是否是字母易位词。两个单词如果包含相同的字母，次序不同，则称为字母易位词。例如，"silent" 和 "listen" 是字母易位词。

输入有两行，分别对应两个单词。

若两个单词是字母易位词，输出 Yes，否则输出 No。

【运行结果】

```
silent↙
listen↙
Yes
split↙
lisp↙
No
```

8. 编写程序，检查两个字符串是否有共有前缀，若有，输出该共有前缀，否则输出 No common prefix。例如，单词 distance 和 disinfection 的共有前缀是 dis。

输入有两行，分别对应两个字符串。

若两个字符串有共有前缀，输出该共有前缀，否则输出 No common prefix。

【运行结果】

```
distance↙
disinfection↙
dis
```

9. 编写程序，输入一个以句号 "." 结尾的简单英文句子，单词之间用空格分隔，没有缩写形式和其他特殊形式。输出该句子中最长的单词。如果多于一个，则输出第一个。

【运行结果】

```
I am a student of Hangzhou Normal University.↙
University
```

10. 从命令行读入若干指令，执行相应计算。

指令	格式	意义
SET	SET x	设置运算结果为 x
ADD	ADD x	运算结果+x
SUB	SUB x	运算结果-x
MUL	MUL x	运算结果*x
DIV	DIV x	运算结果/x
OUT	OUT	输出运算结果并换行，结果保留 2 位小数

上述指令的参数 x 都为浮点数，且保证不会除以 0。

输入第一行为行数 n，下面有 n 行，每一行包含若干指令，指令间由空格隔开。

输出结果并换行，结果保留两位小数。

【运行结果】

```
2↙
SET 2.5 MUL 2 SUB 1 OUT↙
SET 3 DIV 3 OUT↙
4.00
1.00
```

第 8 章 结构、联合和链表

8.1 本 章 要 点

结构是具有相同数据类型或不同数据类型的一组相关变量的集合，其中的每个变量都有不同的名字和相应的数据类型，这些变量为结构成员。

结构是复合数据类型。声明结构类型的一般形式如下：

```
struct 结构名{
    数据类型 结构成员名 1;
    数据类型 结构成员名 2;
    …
    数据类型 结构成员名 n;
};
```

关键字 struct 和结构名一起组成了结构标记。

在声明了结构类型后，还需要使用结构标记来声明结构变量，然后才能通过结构变量来访问结构成员。结构类型本身并不占用内存空间，而结构变量是占用内存空间的。

指针可以作为结构成员的数据类型。也可以声明指向结构变量的指针，简称结构指针。可以通过结构指针访问结构变量中的各个成员。

结构数组中的每个元素存放的是结构类型的数据，而不是整型、浮点型等基本数据类型的数据。

结构变量可以作为函数参数。结构变量作为函数参数时，结构实参和结构形参之间是值传递，需要将结构实参的每个结构成员的值复制给结构形参对应的结构成员，效率不高。结构指针可以作为函数参数。结构指针作为函数参数时，结构实参和结构形参之间是引用传递或共享传递，仅仅把结构变量的地址传递给形参，而不用传递整个结构变量的值，节省时间和空间，效率较高。结构类型也可以作为函数返回值的类型。

结构还提供了一种声明位域的机制，使程序员在需要时可以将几个结构成员压缩存放，这是一种数据压缩表示方式。

与结构一样，联合也是复合数据类型。联合与结构的差异在于它们的表示方式不同。在一个结构变量里，每个成员顺序排列，都有自己独立的内存空间。而一个联合变量的所有成员共享同一个内存空间，因此一个联合变量在某一时刻只能保存其中一个成员的值。

一个线性表是若干个数据元素的集合，其中数据元素的具体含义，在不同的应用下各不相同。链表是典型的线性表，比数组更灵活，可以根据需要扩大和缩小。链表元素不一定在内存中连续存放，链表元素之间的顺序关系可以由指针来实现。

链表是由若干个结点组成的，其中每个结点都包含指向链表下一个结点的指针，链表的尾结点包含一个空指针，表示这个链表结束。

如果链表的结点是有序的（按结点中的数据排序），则称该链表是有序链表。

链表需要一个表示结点的结构。这种结构一般分为两部分：一个或多个需要保存的数据和一个指向同类型的结构的指针，该指针用于建立不同结点之间的关系。结点的这种形式称为"自引用结构"。结构成员不能是自身的结构变量，但可以用自身结构指针作为结构成员。

链表中所有结点都通过动态存储分配的方式而得到。

8.2　基础知识测验

8.2.1　单项选择题

1. 若有：
```
struct student{
    int n;
    char ch[8];
} person;
```
下列说法正确的是（　　）。

    A.　struct student 是结构类型

    B.　person 是结构变量

    C.　person 是结构类型

    D.　struct 是结构类型

2. 若有：
```
typedef struct S{
    int g;
    char h;
} T;
```
下列说法正确的是（　　）。

    A.　可用 S 声明结构变量

    B.　可用 T 声明结构变量

    C.　S 是结构变量

    D.　T 是结构变量

3. 下列有关结构的定义，错误的是（　　）。

    A.　typedef struct date {

          int year, month, day;

      } type_date;

B. struct {

　　　char name[10];

　　　float angle;

　　};

C. typedef date {

　　　int year, month, day;

　　} type_date;

D. struct date {

　　　int year, month, day;

　　} type_date;

4. 若有：

```
typedef struct date {
    int year, month, day;
} type_date;
```

下列说法正确的是（　　）。

　　A. 定义了结构变量 type_date

　　B. 这个定义是错误的

　　C. 定义了结构类型 type_date

　　D. 定义了结构 type_date

5. 结构变量在其生命期里，（　　）。

　　A. 所有成员一直驻留在内存中

　　B. 只有一个成员驻留在内存中

　　C. 部分成员驻留在内存中

　　D. 没有成员驻留在内存中

6. 若有：

```
struct st1{
    int a, b;
    float x, y;
} s1, s2;
struct st2{
    int a, b;
    float x, y;
} s3, s4;
```

下列说法正确的是（　　）。

　　A. 结构变量不可以整体赋值

　　B. 结构变量 s1、s2、s3、s4 之间均不可以相互赋值

　　C. 结构变量 s1、s2、s3、s4 之间可以相互赋值

　　D. 只有结构变量 s1 和 s2、结构变量 s3 和 s4 之间可以相互赋值

7. 若有：

```
struct Person{
    char name[20] ;
    int age ;
    char sex ;
} a = {"Li ning", 20, 'M'};
```
则输出结构变量 a 的 age 成员的语句为（　　）。

    A.　printf("%d", age);

    B.　printf("%d", Person.age);

    C.　printf("%d", a.age);

    D.　printf("%d", Person.a.age);

8.　若有：

```
struct{
    int a;
    float b;
} data, *p;
p = &data;
```
则对 data 中的成员 a 的正确引用是（　　）。

    A.　(*p).data.a

    B.　*p.a

    C.　p->a

    D.　p.data.a

9.　若有：

```
struct{
    int age;
    int num;
} std, *p = &std;
```
能正确引用结构变量 std 中成员 age 的表达式是（　　）。

    A.　*p.age

    B.　std->age

    C.　(*p).age

    D.　*std->age

10.　若有：

```
struct{
    int k;
    char s[30];
} a[5] = {1, "ABC", 2, "abc"}, *p = a;
```
则表达式*(p++)->s 的值是（　　）。

    A.　'A'

    B.　'B'

    C.　"ABC"

    D.　'a'

11. 若有：

```
struct{
    int a;
    double b;
} data[2], *p;
p = data;
```

则下列对 data[0]中成员 a 的引用，错误的是（　　　）。

    A.　data[0]->a

    B.　data->a

    C.　p->a

    D.　(*p).a

12. 若有：

```
struct Person{
    int num;
    char name[20], sex;
    struct{
        int class;
        char prof[20];
    } in;
} a = {20, "LiNing", 'M', {5, "computer"}}, *p = &a;
```

下列语句中，正确的是（　　　）。

    A.　printf("%s", a->name);

    B.　printf("%s", p->in.prof);

    C.　printf("%s", *p.name);

    D.　printf("%s", p->in->prof);

13. 联合变量在其生命期里，（　　　）。

    A.　所有成员一直驻留在内存中

    B.　只有一个成员驻留在内存中

    C.　部分成员驻留在内存中

    D.　没有成员驻留在内存中

14. 若有：

```
struct{
    union{
        char a,b;
        int c;
    } d;
    int e[5];
} f, *p = &f;
```

则下列语句正确的是（　　　）。

    A.　p.d.a = '*';

    B.　p->e[3] = 10;

C. p->b = ' ';

D. p->d->c = 20;

15. 下列说法正确的是（　　）。

    A. 结构和联合变量都能进行比较操作

    B. 结构和联合变量都不能进行比较操作

    C. 两个结构变量可以比较，但不能将结构类型作为函数返回值类型

    D. 既可以对联合变量进行比较操作，也可以将联合变量作为函数参数

16. 下列说法错误的是（　　）。

    A. 在一个结构体内不能包含另一个不同类型的结构体作为其成员

    B. 用结构指针做函数参数，是将结构变量的地址传给被调函数，在被调函数中对结构变量内容的修改会影响原结构变量

    C. 和整型、实型、字符型一样，void 类型也是一种基本数据类型

    D. 结构在内存中所占的字节数不仅与结构类型有关，还与计算机系统本身有关

17. 下列关于嵌套结构的说法，正确的是（　　）。

    A. 在定义嵌套的结构类型时，必须先定义成员的结构类型，再定义主结构类型

    B. 在定义嵌套的结构类型时，必须先定义主结构类型，再定义成员的结构类型

    C. 在定义嵌套的结构类型时，成员的结构类型和主结构类型的先后顺序无关紧要

    D. 以上描述都不正确

18. 数组和链表都可以用于存储一组彼此有关联的数据。下列说法错误的是（　　）。

    A. 数组占用一块连续的存储区域，链表可能占用若干块不连续的存储区域

    B. 数组和链表所占用的存储区域均不能在程序运行期间动态地分配

    C. 数组中的数组可以随机存取或顺序存取，链表中的数据只能按顺序存取

    D. 数组的长度是固定的，链表的长度是不固定的

19. 链表不具有的特点是（　　）。

    A. 不必事先估计所需空间

    B. 所需空间与线性长度成正比

    C. 插入、删除不需要移动元素

    D. 可随机访问任意元素

20. 单链表中指针表示的是（　　）。

    A. 内存储器的地址

    B. 下一元素在数组中的位置

    C. 头指针的地址

    D. 下一元素的地址

8.2.2　填空题

1. 若有：

```
struct wc{
    int a;
```

```
    int *b;
};
int x[] = {11,12}, y[] = {31, 32};
struct wc z[] = {100, x, 300, y}, *p = z;
```
则表达式++p->a 的值为_____。

2. 若有：
```
struct{
    int x;
    int y;
} s[2] = {{1,2}, {3,4}}, *p = s;
```
则表达式(++p)->x 的值为_____。

3. 下列程序的输出结果是_____。
```
#include <stdio.h>
struct ABC{
    int a, b, c;
};
int main(void){
    int t;
    struct ABC s[2] = {{1, 2, 3}, {4, 5, 6}};
    t = s[0].a + s[1].b;
    printf("%d\n", t);
    return 0;
}
```

4. 下列程序的输出结果是_____。
```
#include <stdio.h>
struct S{
    int a;
    int b;
} data[2] = {10, 100, 20, 200};
int main(void){
    struct S p = data[1];
    printf("%d\n", ++(p.a));
    return 0;
}
```

5. 下列程序的输出结果是_____。
```
#include <stdio.h>
struct complex{
    int a;
    int b;
};
void fun(struct complex *x){
    x->b = -x->b;
}
int main(void){
    struct complex x = {2, 5};
```

```
    fun(&x);
    printf("%d#%d\n", x.a, x.b);
    return 0;
}
```

6. 下列程序的输出结果是_____。

```
#include <stdio.h>
struct{
    int a;
    int b;
    struct{
        int x;
        int y;
    } ins;
} outs;
int main(void){
    outs.a = 11;
    outs.b = 4;
    outs.ins.x = outs.a + outs.b;
    outs.ins.y = outs.a - outs.b;
    printf("%d#%d", outs.ins.x, outs.ins.y);
    return 0;
}
```

7. 下列程序的输出结果是_____。

```
#include <stdio.h>
int main(void){
    struct abc{
        unsigned int a: 1;
        unsigned int b: 3;
        unsigned int c: 4;
    } bit, *pBit;
    bit.a = 1;
    bit.b = 7;
    bit.c = 15;
    pBit = &bit;
    pBit->a = 0;
    pBit->b &= 3;
    pBit->c |= 1;
    printf("%d#%d#%d\n", pBit->a, pBit->b, pBit->c);
    return 0;
}
```

8. 下列程序的输出结果是_____。

```
#include <stdio.h>
union{
    char i[2];
    int k;
} r;
```

```
int main(void){
    r.i[0] = 2;
    r.i[1] = 0;
    printf("%d\n", r.k);
}
```

9. 下列程序的输出结果是_____。

```
#include <stdio.h>
#include <stdlib.h>
struct NODE{
    int num;
    struct NODE *next;
};
int main(void){
    struct NODE *p, *q, *r;
    int sum = 0;
    p = (struct NODE *)malloc(sizeof(struct NODE));
    q = (struct NODE *)malloc(sizeof(struct NODE));
    r = (struct NODE *)malloc(sizeof(struct NODE));
    p->num = 1;
    q->num = 2;
    r->num = 3;
    p->next = q;
    q->next = r;
    r->next = NULL;
    sum += q->next->num;
    sum += p->num;
    printf("%d\n", sum);
    return 0;
}
```

10. 下列程序的输出结果是_____。

```
#include <stdio.h>
struct node{
    int k;
    struct node *link;
};
int main(void){
    struct node m[5], *p = m, *q = m + 4;
    int i = 0;
    while(p != q){
        p->k = ++i;
        p++;
        q->k = i++;
        q--;
    }
    q->k = i;
    for(i = 0; i < 5; ++i)
```

```
        printf("%d", m[i].k);
    printf("\n");
    return 0;
}
```

8.3 实 例 学 习

【例 8.1】某商场某年各部门每季度销售额如下表所示。编写程序，计算并输出该商场的各季度销售总计、部门年销售总计和商场年销售总计。

	百货部	家电部	服装部	季度销售总计
第一季度	637	1106	912	
第二季度	730	998	850	
第三季度	651	1210	956	
第四季度	596	920	1011	
部门年销售总计				商场年销售总计

声明一个销售结构类型：
```
struct sale{
    int quarter;                    /* 季度 */
    double department[4];           /* 部门季度销售额和季度销售总计 */
};
```
其中，department[0]存放百货部的季度销售额，department[1]存放家电部的季度销售额，department[2]存放服装部的季度销售额，department[3]存放季度销售总计。

声明一个结构数组存放原始数据和季度销售总计：
```
struct sale market[4] = { { 1, 637, 1106, 912, 0 },
                          { 2, 730, 998, 850, 0 },
                          { 3, 651, 1210, 956, 0 },
                          { 4, 596, 920, 1011, 0 }};
```
季度销售总计的初始值均为 0。

声明一个数组存放部门年销售总计和商场年销售总计。
```
double yearTotal[4] = {0};
```
yearTotal[0]存放百货部的年销售总计，yearTotal[1]存放家电部的年销售总计，yearTotal[2]存放服装部的年销售总计，yearTotal[3]存放整个商场的年销售总计。
```
1    /* 例8_1.c */
2    #include <stdio.h>
3    int main(void){
4        struct sale{
5            int quarter;                    /* 季度 */
6            double department[4];       /* 部门季度销售额和季度销售总计 */
7        };
8        struct sale market[4] = { { 1, 637, 1106, 912, 0 },
9                          { 2, 730, 998, 850, 0 },
10                         { 3, 651, 1210, 956, 0 },
```

```
11                            { 4, 596, 920, 1011, 0 } };
12      double yearTotal[4] = {0};
13      int i, j;
14      for(i = 0; i < 4; ++i)
15         for(j = 0; j < 3; ++j)
16            market[i].department[3] += market[i].department[j];
17      for(i = 0; i < 4; ++i)
18         for(j = 0; j < 4; ++j)
19            yearTotal[i] += market[j].department[i];
20      for(i = 0; i < 4; ++i){
21         printf("%2d", market[i].quarter);
22         for(j = 0; j < 4; ++j)
23            printf("%10.1f", market[i].department[j]);
24         printf("\n");
25      }
26      printf("  ");
27      for(i = 0; i < 4; ++i)
28         printf("%10.1f", yearTotal[i]);
29      return 0;
30   }
```

【运行结果】

```
1     637.0     1106.0      912.0     2655.0
2     730.0      998.0      850.0     2578.0
3     651.0     1210.0      956.0     2817.0
4     596.0      920.0     1011.0     2527.0
     2614.0     4234.0     3729.0    10577.0
```

程序第 14～16 行计算各季度销售总计，并存放在结构数组 market 的 department[3]成员中。

程序第 17～19 行计算部门年销售总计和商场年销售总计。

程序第 20～25 行以表格形式输出季度、百货部季度销售额、家电部季度销售额、服装部季度销售额、季度销售总计。

程序第 26～28 行输出表格最后一行：百货部年销售总计、家电部年销售总计、服装部年销售总计以及整个商场的年销售总计。

【例 8.2】编写程序，实现复数的表示和算术运算。

复数可以有多种表示方式。可以采用平面坐标表示，将一个复数表示为一个实部和一个虚部；也可以采用极坐标表示，将一个复数表示为幅角和模。这里选择平面坐标表示，将一个复数表示为两个实数，分别表示其实部和虚部。

采用结构将复数的实部和虚部结合起来。使用关键字 typedef 声明如下结构类型：

```
typedef struct{
    double realPart;              /* 实部 */
    double imaginaryPart;         /* 虚部 */
} COMPLEX;
```

定义 makeComplex()函数，根据实部和虚部构造一个复数。

```
COMPLEX makeComplex(double r, double i);
```

定义 printComplex()函数，输出一个复数。

```
void printComplex(COMPLEX c);
```

定义 addComplex()、subComplex()、mulComplex()、divComplex()函数，完成最基本的复数加、减、乘、除运算。

```
COMPLEX addComplex(COMPLEX x, COMPLEX y);
COMPLEX subComplex(COMPLEX x, COMPLEX y);
COMPLEX mulComplex(COMPLEX x, COMPLEX y);
COMPLEX divComplex(COMPLEX x, COMPLEX y);
```

复数加法的定义如下：

$$(a+bi)+(c+di)=(a+c)+(b+d)i$$

复数减法的定义如下：

$$(a+bi)-(c+di)=(a-c)+(b-d)i$$

复数乘法的定义如下：

$$(a+bi)\times(c+di)=(ac-bd)+(ad+bc)i$$

复数除法的定义如下：

$$(a+bi)\div(c+di)=[(ac+bd)+(bc-ad)i]\div(c^2+d^2)$$

```
1   /* 例8_2.c */
2   #include <stdio.h>
3   #include <stdlib.h>
4   typedef struct{
5       double realPart;
6       double imaginaryPart;
7   } COMPLEX;
8   COMPLEX makeComplex(double r, double i);
9   void printComplex(COMPLEX c);
10  COMPLEX addComplex(COMPLEX x, COMPLEX y);
11  COMPLEX subComplex(COMPLEX x, COMPLEX y);
12  COMPLEX mulComplex(COMPLEX x, COMPLEX y);
13  COMPLEX divComplex(COMPLEX x, COMPLEX y);
14  int main(void){
15      COMPLEX a, b, c;
16      a = makeComplex(3, -2);
17      b = makeComplex(2, 3);
18      printComplex(a);
19      printComplex(b);
20      c = addComplex(a, b);
21      printComplex(c);
22      c = subComplex(a, b);
23      printComplex(c);
24      c = mulComplex(a, b);
25      printComplex(c);
26      c = divComplex(a, b);
27      printComplex(c);
```

```
28      return 0;
29  }
30  COMPLEX makeComplex(double r, double i){
31      COMPLEX temp;
32      temp.realPart = r;
33      temp.imaginaryPart = i;
34      return temp;
35  }
36  void printComplex(COMPLEX c){
37      if(c.realPart == 0 && c.imaginaryPart == 0)
38          printf("%f\n", c.realPart);
39      if(c.realPart && c.imaginaryPart > 0)
40          printf("%f+%fi\n", c.realPart, c.imaginaryPart);
41      if(c.realPart && c.imaginaryPart < 0)
42          printf("%f%fi\n", c.realPart, c.imaginaryPart);
43      if(c.realPart && c.imaginaryPart == 0)
44          printf("%f\n", c.realPart);
45      if(c.realPart == 0 && c.imaginaryPart)
46          printf("%fi\n", c.imaginaryPart);
47  }
48  COMPLEX addComplex(COMPLEX x, COMPLEX y){
49      COMPLEX temp;
50      temp.realPart = x.realPart + y.realPart;
51      temp.imaginaryPart = x.imaginaryPart + y.imaginaryPart;
52      return temp;
53  }
54  COMPLEX subComplex(COMPLEX x, COMPLEX y){
55      COMPLEX temp;
56      temp.realPart = x.realPart - y.realPart;
57      temp.imaginaryPart = x.imaginaryPart - y.imaginaryPart;
58      return temp;
59  }
60  COMPLEX mulComplex(COMPLEX x, COMPLEX y){
61      COMPLEX temp;
62      temp.realPart = x.realPart * y.realPart - x.imaginaryPart *
        y.imaginaryPart;
63      temp.imaginaryPart = x.realPart * y.imaginaryPart + x.imaginaryPart *
        y.realPart;
64      return temp;
65  }
66  COMPLEX divComplex(COMPLEX x, COMPLEX y){
67      COMPLEX temp;
68      double denominator = y.realPart * y.realPart + y.imaginaryPart *
        y.imaginaryPart;
69      if(denominator == 0){
70          printf("Complex error: divide by zero.\n");
```

```
71        exit(EXIT_FAILURE);
72    }
73    else {
74        temp.realPart = (x.realPart * y.realPart +
75                x.imaginaryPart * y.imaginaryPart) / denominator;
76        temp.imaginaryPart = (x.imaginaryPart * y.realPart -
77                x.realPart * y.imaginaryPart) / denominator;
78    }
79    return temp;
80 }
```

【运行结果】

```
3.000000-2.000000i
2.000000+3.000000i
5.000000+1.000000i
1.000000-5.000000i
12.000000+5.000000i
-1.000000i
```

程序第 4～7 行声明了复数结构类型 COMPLEX。

程序第 14～29 行是 main()函数。在 main()函数中，第 15 行声明了 3 个复数变量 a、b 和 c；第 16、17 行调用 makeComplex()函数构造了两个复数：3-2i 和 2+3i。第 20～27 行对这两个复数分别执行加、减、乘、除运算并输出对应的结果。

程序第 30～35 行定义了函数 makeComplex()。根据函数参数指定的实部和虚部构造一个复数。

程序第 36～47 行定义了 printComplex()函数。根据一个复数实部和虚部的不同取值输出该复数。

程序第 48～53 行定义了 addComplex()函数。根据函数参数指定的复数，执行两个复数加法操作。

程序第 54～59 行定义了 subComplex()函数。根据函数参数指定的复数，执行两个复数减法操作。

程序第 60～65 行定义了 mulComplex()函数。根据函数参数指定的复数，执行复数乘法功能。

程序第 66～80 行定义了 divComplex()函数。根据函数参数指定的复数，执行复数除法功能，当除数为 0 时，输出错误信息并终止程序运行。

【例 8.3】编写程序，要求用户从键盘输入一系列整数，构造一个按从小到大顺序链接的整数链表，并统计各整数出现的次数，然后按从小到大顺序输出各整数及其出现次数。

声明链表的结点类型如下：

```
struct node{
    int num;                /* 存放整数 */
    int count;              /* 存放整数出现的次数 */
    struct node *next;
};
```

定义函数：

```
struct node *createList(const int numbers[], int n);
```

用于建立链表。参数 numbers 表示存放整数的数组，参数 n 表示数组中整数个数。首先在链表中检查新读入的整数是否已在链表中，如果已在链表中，则增加其出现次数，否则，建立一个新结点并插入至链表合适位置。

定义函数：

```
void printList(const struct node *head);
```
输出链表各结点的值和出现次数。

main()函数中循环读入整数，并存放在数组中；调用函数 createList()建立链表；调用函数 printList()输出链表各结点的值和出现次数。

```
1   /* 例8_3.c */
2   #include<stdio.h>
3   #define ARRAY_SIZE 100
4   struct node{
5       int num;                /* 存放整数 */
6       int count;              /* 存放整数出现的次数 */
7       struct node *next;
8   };
9   /*建立单向链表*/
10  struct node *createList(const int numbers[], int n){
11      struct node *p, *q, *t, *head = NULL;
12      int i, size = sizeof(struct node);
13      for(i = 0; i < n; ++i){
14          if(head == NULL){    /* 第一个结点 */
15              t = (struct node *)malloc(size);
16              t->num = numbers[i];
17              t->count = 1;
18              t->next = NULL;
19              head = t;
20          }
21          else {
22              p = head;
23              while(p != NULL && p->num < numbers[i]){
24                  q = p;
25                  p = p->next;
26              }
27              if(p != NULL && p->num == numbers[i]){        /* 已在链表中 */
28                  p->count++;
29              }
30              else {           /* 建立新结点 */
31                  t = (struct node *)malloc(size);
32                  t->num = numbers[i];
33                  t->count = 1;
34                  if(p == head)
35                      head = t;        /* 新结点插入在头结点之前 */
36                  else
37                      q->next = t;
38                  t->next = p;
39              }
```

```
40            }
41        }
42        return head;
43  }
44  /*输出单向链表*/
45  void printList(const struct node *head){
46      struct node *p = NULL;
47      for(p = head; p != NULL; p = p->next)
48          printf("%d(%d) ", p->num, p->count);
49      printf("\n");
50  }
51  int main(void){
52      struct node *head = NULL;
53      int x, count, numbers[ARRAY_SIZE];
54      count = 0;
55      while(scanf("%d", &x) == 1)
56          numbers[count++] = x;
57      head = createList(numbers, count);
58      printList(head);
59      return 0;
60  }
```

【运行结果】

300□200□100□10□50□-99□15□20□-99□100□200□220□280□300^Z↙
-99(2)□10(1)□15(1)□20(1)□50(1)□100(2)□200(2)□220(1)□280(1)□300(2)
输出结果圆括号中为该整数出现的次数。

程序第 4～8 行声明了链表结点结构类型 node。

程序第 10～43 行定义了 createList()函数。

程序第 45～50 行定义了 printList()函数。

程序第 51～60 行是 main()函数。在 main()函数中，第 55～56 行是 while 循环，在循环过程中，读入数据并存放到数组 numbers 中，如果遇到了 EOF（这里是^Z），则结束循环。第 57 行调用函数 createList()建立链表。第 58 行调用函数 printList()输出链表各结点的值和出现次数。

8.4 本 章 实 验

8.4.1 实验目的

掌握结构类型和结构变量的概念、声明和使用；掌握结构数组的使用；掌握结构指针的概念以及结构指针在函数中的使用；掌握链表的基本操作，能够编写链表应用程序。

8.4.2 实验内容

1. 编写程序，比较两个有理数的大小。有理数用结构表示。

输入在一行中按照 "a1/b1 a2/b2" 的格式给出两个分数形式的有理数，其中分子和分母全是整型范围内的正整数。

输出在一行中按照"a1/b1 关系符 a2/b2"的格式输出两个有理数的关系。其中，">"表示"大于"，"<"表示"小于"，"="表示"等于"。

【运行结果】

```
6/8□3/4✔
6/8 = 3/4
```

2. 编写程序，计算两个有理数的和。有理数用结构表示。

输入在一行中按照"a1/b1 a2/b2"的格式给出两个分数形式的有理数，其中分子和分母全是整型范围内的正整数。

输出在一行中按照"a/b"的格式输出两个有理数的和，结果是该有理数的最简分数形式，若分母为 1，则只输出分子。

【运行结果】

```
4/3□2/3✔
2
```

3. 编写程序，计算 n（1 < n ≤ 100）个有理数的平均值。有理数用结构表示。

输入第一行为正整数 n；第二行中按照"a1/b1 a2/b2 ……"的格式给出 n 个分数形式的有理数，以空格间隔，其中分子和分母全是整型范围内的整数；如果是负数，则负号一定出现在最前面。

输出在一行中按照"a/b"的格式输出 n 个有理数的平均值，结果应该是该有理数的最简分数形式，若分母为 1，则只输出分子。

【运行结果】

```
4✔
1/2□1/6□3/6□-5/10✔
1/6
```

4. 编写程序，求按顺时针方向输入 n（0 < n ≤ 10）个顶点坐标的多边形周长。顶点坐标用结构表示。

输入第一行为正整数 n；下面 n 行，每行两个浮点数，以空格间隔，为多边形各顶点的坐标。

输出多边形的周长，精确到小数点后 2 位。

【运行结果】

```
4✔
0□0✔
0□1✔
1□1✔
1□0✔
4.00
```

5. 编写程序，建立一个通讯录结构，包括姓名、生日和电话号码，输入 n（3 ≤ n ≤ 50）个朋友的信息，按年龄从大到小的顺序依次输出其信息。

输入第一行为正整数 n（3 ≤ n ≤ 50），表示朋友数量。下面 n 行为朋友信息，每行包括姓名、生日和电话号码，以空格间隔。

按年龄从大到小分行输出朋友信息。

【运行结果】

```
3✔
```

张三□19850403□13912345678✓
李四□19821020□0571-88123456✓
王五□19840619□13609876543✓
李四□19821020□0571-88123456
王五□19840619□13609876543
张三□19850403□13912345678

6. 编写程序，假设每个学生信息包括：姓名和三门课程的成绩。从键盘输入 10 个学生的数据，采用结构数组存储数据。输出三门课程的总平均分；输出每门课程分数最高的学生信息；按总分从高到低对这 10 个学生进行排序，并输出排序结果；输出平均分高于 80 分的学生信息。

输入 10 个学生的数据，每行包括姓名和三门课程的成绩，以空格间隔。

输出三门课程的总平均分、每门课程分数最高的学生信息、按总分从高到低输出学生信息以及平均分高于 80 分的学生信息。

【运行结果】

张三□88□99□78✓
李四□88□89□96✓
王五□67□78□89✓
刘六□45□56□67✓
钱七□23□43□78✓
孙八□88□96□98✓
高九□89□92□96✓
陈十□92□92□99✓
袁一□67□79□91✓
赵二□31□42□66✓
76.73

陈十,92.00,92.00,99.00
张三,88.00,99.00,78.00
陈十,92.00,92.00,99.00

陈十,92.00,92.00,99.00
孙八,88.00,96.00,98.00
高九,89.00,92.00,96.00
李四,88.00,89.00,96.00
张三,88.00,99.00,78.00
袁一,67.00,79.00,91.00
王五,67.00,78.00,89.00
刘六,45.00,56.00,67.00
钱七,23.00,43.00,78.00
赵二,31.00,42.00,66.00

陈十,92.00,92.00,99.00,94.33
孙八,88.00,96.00,98.00,94.00
高九,89.00,92.00,96.00,92.33
李四,88.00,89.00,96.00,91.00
张三,88.00,99.00,78.00,88.33

7. 编写程序，输入若干个正整数，用单向链表组织输入的正整数。

定义和调用函数 struct node *createSortList(void)，建立单向链表，要求链表按照结点中整数值的大小从大到小排序，返回指向链表头结点的指针。

定义和调用函数 void printList(const struct node *head)，输出单向链表。

一行中输入若干个正整数，以空格间隔，最后输入–1并回车，表示输入结束。

【运行结果】

1□3□5□2□-1↙
5□3□2□1

8. 编写程序，删除单向整数链表中包含指定整数值的结点。

结点类型如下：

```
struct node{
    int num;            /* 存放整数 */
    struct node *next;
};
```

定义和调用函数 struct node *createList(void)，建立单向整数链表，返回指向链表头结点的指针。

定义和调用函数 void printList(const struct node *head)，输出单向整数链表。

定义和调用函数 struct node *deleteList(struct node *head, int num)，删除单向整数链表中包含指定整数值的结点，返回指向链表头结点的指针。

输入第一行为若干个非零整数，以空格间隔，最后输入 0 并回车，表示输入结束；输入第二行为需要删除结点的整数值。

输出删除指定整数值的结点后的单向整数链表中各结点的值，以空格间隔。

【运行结果】

4□2□1□3□3□2□0↙
3↙
4□2□1□2

9. 编写程序，输入若干个正整数，用单向链表组织输入的正整数。

定义和调用函数 struct node *createList(void)，建立单向链表，返回指向链表头结点的指针。

定义和调用函数 void printList(const struct node *head)，输出单向链表。

定义和调用函数 int sum(const struct node *head)，计算并返回所有结点中整数的和。

定义和调用函数 struct node *cyclicShift(const struct node *head, DIR dir)，实现链表的循环移位，DIR 为枚举类型，取值 LEFT 和 RIGHT，当 dir 的值为 LEFT 时，循环左移一次，当 dir 的值为 RIGHT 时，循环右移一次，返回指向循环移位后的链表头结点的指针。

定义枚举类型 DIR：

```
enum DIR {LEFT, RIGHT};
```

实现链表的循环移位，循环左移时，将链表的第一个结点删除，并将其插入到链表尾部；循环右移时，将链表的最后一个结点删除，并将其插入到链表头部。

输入第一行为若干个正整数，以空格间隔，最后输入–1并回车，表示输入结束。输入第二行为 0 表示左移，为 1 表示右移。

输出第一行为链表所有结点中整数的和。输出第二行为循环左移或右移一次后的链表中各结点的值，以空格间隔。

【运行结果】

1□3□5□2□-1↙

1↙

11

2□1□3□5

10. 编写程序，输入若干个正整数，用单向链表组织输入的正整数，将单向链表逆序并输出。结点类型如下：

```
struct node{
    int num;            /* 存放整数 */
    struct node *next;
};
```

定义和调用函数 struct node *createList(void)，建立单向链表，返回指向链表头结点的指针。

定义和调用函数 void printList(const struct node *head)，输出单向链表。

定义和调用函数 struct node *reverseList(struct node *head)，将链表逆序，返回指向链表头结点的指针。

一行中输入若干个正整数，以空格间隔，最后输入 0 并回车，表示输入结束。

按照与输入相反的顺序输出所读入的整数，以空格间隔，不包括标识输入结束的 0。

【运行结果】

1□2□3□4□0↙

4□3□2□1

第 *9* 章 文 件

9.1 本 章 要 点

解决数据永久性保存的有效方式是使用文件。

文件是存放在计算机外存上的一组相关信息的集合。每个文件必须有一个名字,通过文件名,可以找到对应的文件。

C 语言支持两种类型的文件:文本文件和二进制文件。可以将文本文件理解为由一个字符序列构成,而二进制文件由一个二进制字节序列构成。

文件缓冲区是内存中若干数量的存储单元,使用文件缓冲区作为文件与使用文件数据的程序之间的桥梁,可以提高存取文件的性能。

C 语言采用"流"的概念来描述文件。为了能与文件交换数据,需要与文件建立联系,流就是这种联系。为了从一个文件中读数据,程序需要创建一个与该文件关联的输入流。同理,要想向一个文件写数据,就要建立一个与之关联的输出流。

文件类型(FILE)存储了与"流"操作有关的所有信息。程序通过文件指针(FILE *)实现对"流"的访问。

一个文件指针只能指向一个文件。若要同时对多个文件进行操作,则要声明相同数量的文件指针。一个文件指针对应一个文件缓冲区。

使用文件之前,必须调用 fopen()函数打开文件;成功打开文件后,可以根据需要选用 fscanf()和 fprintf()函数、getc()和 putc()函数、fgets()和 fputs()函数以及 fread()和 fwrite()函数对文件进行读/写操作;文件使用结束后,必须调用 fclose()函数关闭文件。

对文件的读/写操作可以采用顺序访问方式和随机访问方式。

9.2 基础知识测验

9.2.1 单项选择题

1. 关于文件,分类正确的是(   )。

　　A. 普通文件和设备文件

　　B. 顺序文件和随机文件

　　C. ASCII 文件和二进制文件

　　D. 以上全对

2. 默认情况下，标准输入流 stdin 和标准输出流 stdout 直接关联的设备是（　　）。

　　A. 麦克风和打印机

　　B. 鼠标和硬盘

　　C. 键盘和打印机

　　D. 键盘和显示器

3. FILE 类型由系统定义，包含在（　　）头文件中。

　　A. stdio.h

　　B. math.h

　　C. string.h

　　D. stdlib.h

4. 当文件打开出现错误时，fopen()函数返回的是（　　）。

　　A. 没有返回就导致程序退出了

　　B. 1

　　C. NULL

　　D. −1

5. 设 fp 是指向某文件的文件指针，若 fclose(fp)函数操作不成功，返回值是（　　）。

　　A. NULL

　　B. EOF

　　C. 0

　　D. 1

6. 若 fp 是指向某文件的文件指针，且已经读到文件的末尾,则 feof(fp)函数的返回值是(　　)。

　　A. EOF

　　B. −1

　　C. 非零值

　　D. NULL

7. 若有以下语句：

```
FILE *fp;
int x = 123;
fp = fopen("out.txt", "w");
```

如果需要将变量 x 的值以文本形式保存到文件 out.txt 中，正确的语句为（　　）。

　　A. fprintf("%d", x);

　　B. fprintf(fp, "%d", x);

　　C. fprintf("%d", x, fp);

　　D. fprintf("out.txt", "%d", x);

8. 如果要从二进制文件中读取数据，可以使用（　　）。

    A. fwrite()函数

    B. fread()函数

    C. fgets()函数

    D. fputs()函数

9. 若有下列程序：

```
void writeStr(char *filename, char *str){
    FILE *fp;
    fp=fopen(filename, "w");
    fprintf(fp, "%s", str);
    fclose(fp);
}
int main(){
    writeStr("t.txt", "start");
    writeStr("t.txt", "end");
    return 0;
}
```

程序运行后，文件 t.txt 中的内容是（　　）。

    A. end

    B. start

    C. startend

    D. endrt

10. 文本文件 f.txt 中原有内容为 good，运行下列程序后，文件 f.txt 中的内容为（　　）。

```
#include <stdio.h>
int main(void){
    FILE *fp;
    fp1=fopen("f.txt", "a");
    fprintf(fp, "abc");
    fclose(fp);
    return 0;
}
```

    A. goodabc

    B. abcd

    C. abc

    D. abcgood

9.2.2 填空题

1. 下列程序的输出结果是_____。

```
#include <stdio.h>
int main(void){
    FILE *fp;
    int a = 20, b = 30, x, y;
```

```
fp = fopen("example.txt", "w");
fprintf(fp, "%d\n", a);
fprintf(fp, "%d\n", b);
fclose(fp);
fp = fopen("example.txt", "r");
fscanf(fp, "%d%d", &x, &y);
printf("%d#%d\n", x, y);
fclose(fp);
return 0;
}
```

2. 下列程序的功能是输出文件 example.txt 中的_____个数。

```
#include <stdio.h>
int main(void){
    FILE *fp;
    long count = 0;
    fp = fopen("example.txt", "r");
    fgetc(fp);
    while(!feof(fp)){
        ++count;
        fgetc(fp);
    }
    fclose(fp);
    printf("count=%ld\n", count);
    return 0;
}
```

3. 下列程序的功能是输出文件 example.dat 的_____。

```
#include <stdio.h>
int main(void){
    FILE *fp;
    long size;
    fp = fopen("example.dat", "rb");
    fseek(fp, 0L, SEEK_END);
    size = ftell(fp);
    fseek(fp, 0L, SEEK_SET);
    size -= ftell(fp);
    fclose(fp);
    printf("size=%d\n", size);
    return 0;
}
```

4. 请在下列程序的横线处填上适当的内容。

```
#include <stdio.h>
int main(void){
    FILE *fp;
    char str[10];
    scanf("%s", str);
    if ((fp = fopen(str, "w")) != _____){
```

```
        fprintf(fp, "%s", str);
        fclose(fp);
    }
    return 0;
}
```

5. 下列程序的输出结果是_____。

```
#include <stdio.h>
int main(void){
    FILE *fp;
    int i, n = 0, k = 0;
    fp = fopen("source.txt", "w");
    for(i = 0; i < 5; i++)
        fprintf(fp, "%d", i);
    fclose(fp);
    fp = fopen("source.txt", "r");
    fscanf(fp, "%d%d", &n, &k);
    printf("%d,%d", n, k);
    fclose(fp);
    return 0;
}
```

9.3 实 例 学 习

【例 9.1】编写程序，产生若干个 100～999 范围内的随机整数存入文本文件 example.txt 中，文件每行存放 5 个整数，然后从文件中读出整数，找出其中最大的整数和最小的整数，显示在屏幕上。

```
1   /* 例 9_1.c */
2   #include <stdio.h>
3   #include <stdlib.h>
4   #include <time.h>
5   #define FILENAME "example.txt"
6   int main(void){
7       FILE *fp;
8       int i, n, x, count;
9       int max, min;
10      fp = fopen(FILENAME, "w");
11      if(fp == NULL){
12          printf("不能打开文件: %s\n", FILENAME);
13          exit(EXIT_FAILURE);
14      }
15      printf("输入产生的随机整数个数: ");
16      scanf("%d", &n);
17      srand(time(NULL));
18      count = 1;
19      for(i = 0; i < n; ++i){
```

```
20        x = 100 + rand() % 900;
21        fprintf(fp, "%d ", x);
22        if(count++ % 5 == 0)
23            fprintf(fp, "\n");
24    }
25    fclose(fp);
26    fp = fopen(FILENAME, "r");
27    if(fp == NULL){
28        printf("不能打开文件: %s\n", FILENAME);
29        exit(EXIT_FAILURE);
30    }
31    count = 1;
32    max = 100;
33    min = 999;
34    while(fscanf(fp, "%d", &x) != EOF){
35        printf("%d ", x);
36        if(count++ % 5 == 0)
37            printf("\n");
38        if(max < x)
39            max = x;
40        if(min > x)
41            min = x;
42    }
43    printf("最大的整数: %d\n", max);
44    printf("最小的整数: %d\n", min);
45    return 0;
46 }
```

【运行结果】

输入产生的随机整数个数: 15↙

```
771   270   412   613   734
349   257   493   154   773
132   359   931   341   948
```

最大的整数: 948
最小的整数: 132

程序每次运行结果是不同的。

程序第 10 行以"w"方式打开文件 example.txt。

程序第 16 行输入产生的随机整数个数存放在变量 n 中。

程序第 17 行用当前时间作为随机数种子来产生 n 个随机数。

程序第 19~24 行是 for 循环, 共循环 n 次, 20 行产生一个 100~999 的随机数, 21 行将产生的随机数写入文件, 22 行判断文件中每行是否写入了 5 个整数, 如果是则换行。

程序第 26 行重新以"r"方式打开文件 example.txt, 重新打开文件之前, 必须先关闭文件。

程序第 34~42 行是 while 循环。因为产生的是 100~999 范围内的整数, 一开始假设 max 的值是 100, min 的值是 999。在循环过程中, 从文件中重新读入整数存放在变量 x 中, 并按每行 5 个整数的格式显示在屏幕上, 分别比较 x 和 max、x 和 min 的值, 确定新的最大数和最小数, 直至文件末尾。最后在屏幕上显示 n 个整数的最大数和最小数。

【例 9.2】编写程序，将文本文件 couplets.txt 中的英文字母全部转换为大写。转换前 couplets.txt
的内容为：

```
eat well sleep well have fun day by day.
study hard work hard make money more and more.
gelivable.
```

对现有文件内容进行修改的过程称为文件更新。文件更新最常用的方法是将更新过的内容写
入一个临时文件，用这个临时文件替换原文件。将文本文件 couplets.txt 中的英文字母全部转换为
大写的具体步骤如下：

（1）打开原文件。

（2）打开一个临时文件。

（3）将原文件的内容复制到临时文件，并将所有小写英文字母替换为大写。

（4）关闭原文件和临时文件。

（5）删除原文件。

（6）用原文件名重新命名临时文件。

```
1   /* 例 9_2.c */
2   #include <stdio.h>
3   #include <stdlib.h>
4   #include <ctype.h>
5   #define FILENAME "couplets.txt"
6   int main(void){
7       FILE *inFile, *outFile;
8       char *temp;
9       int ch;
10      inFile = fopen(FILENAME, "r");
11      if(inFile == NULL){
12          printf("不能打开文件: %s\n", FILENAME);
13          exit(EXIT_FAILURE);
14      }
15      temp = tmpnam(NULL);
16      outFile = fopen(temp, "w");
17      if(outFile == NULL){
18          printf("不能打开文件: %s\n", temp);
19          exit(EXIT_FAILURE);
20      }
21      while((ch = getc(inFile)) != EOF)
22          putc(toupper(ch), outFile);
23      fclose(inFile);
24      fclose(outFile);
25      if(remove(FILENAME) != 0 || rename(temp, FILENAME) != 0){
26          printf("不能重命名临时文件");
27          exit(EXIT_FAILURE);
28      }
29      return 0;
30  }
```

程序第 10 行以"r"方式打开文件 couplets.txt。

程序第 15 行产生唯一的临时文件名。

程序第 16 行以"w"方式打开临时文件。

程序第 21~22 行是 while 循环。在循环过程中，从原文件中读入字符，转换为大写后，写入临时文件，直至文件末尾。

程序第 25 行删除原文件并用原文件名重新命名临时文件。

【例 9.3】假设 90 分以上的成绩属于 A 级；80~89 分、70~79 分、60~69 分的成绩分别属于 B、C、D 级；60 分以下属于 E 级。编写程序，从键盘输入若干个学生的信息（学号、姓名和成绩），学号为 0 时，输入结束，根据成绩计算出对应的等级，将学号、姓名、成绩和等级存放在二进制文件 students.dat 中，并将结果显示在屏幕上。

```
1    /* 例9_3.c */
2    #include <stdio.h>
3    #include <stdlib.h>
4    #define FILENAME "students.dat"
5    struct student{
6        int num;                 /* 学号 */
7        char name[10];           /* 姓名 */
8        int score;               /* 成绩 */
9        char ch;                 /* 等级 */
10   };
11   int main(void){
12       FILE *fp;
13       struct student s;
14       fp = fopen(FILENAME, "wb");
15       if(fp == NULL){
16           printf("不能打开文件: %s\n", FILENAME);
17           exit(EXIT_FAILURE);
18       }
19       printf("输入学生的学号、姓名和成绩:\n");
20       scanf("%d", &s.num);
21       while(s.num != 0){
22           scanf("%s%d", s.name, &s.score);
23           switch(s.score / 10){
24               case 10:
25               case 9: s.ch = 'A';
26                   break;
27               case 8: s.ch = 'B';
28                   break;
29               case 7: s.ch = 'C';
30                   break;
31               case 6: s.ch = 'D';
32                   break;
33               default: s.ch = 'E';
34                       break;
```

```
35          }
36          fwrite(&s, sizeof(struct student), 1, fp);
37          scanf("%d", &s.num);
38      }
39      fclose(fp);
40      fp = fopen(FILENAME, "rb");
41      if(fp == NULL){
42          printf("不能打开文件: %s\n", FILENAME);
43          exit(EXIT_FAILURE);
44      }
45      printf(" 学号  姓名 成绩 等级\n");
46      fread(&s, sizeof(struct student), 1, fp);
47      while(!feof(fp)){
48          printf("%d %s  %d   %c\n", s.num, s.name, s.score, s.ch);
49          fread(&s, sizeof(struct student), 1, fp);
50      }
51      fclose(fp);
52      return 0;
53  }
```

【运行结果】

输入学生的学号、姓名和成绩:
100101□张三□78✓
100102□李四□67✓
100103□王五□83✓
100104□刘六□45✓
100105□钱七□93✓
0✓

学号   姓名 成绩 等级
100101 张三 78   C
100102 李四 67   D
100103 王五 83   B
100104 刘六 45   E
100105 钱七 93   A

程序第 5～10 行声明了学生信息结构类型。

程序第 14 行以"wb"方式打开文件 students.dat。

程序第 21～38 行是 while 循环。在循环过程中，输入学生的学号、姓名和成绩，根据成绩利用 switch 语句计算出对应的等级，并将每个学生的信息作为数据块写入文件，当输入学号为 0 时，循环结束。

程序第 40 行重新以"rb"方式打开文件 students.dat，重新打开文件之前，必须先关闭文件。

程序第 47～50 行是 while 循环。在循环过程中，从文件中将每个学生的信息作为数据块读入，并显示在屏幕上，直至文件末尾。

【例 9.4】 编写程序，从存放整数的文本文件 integers.txt 中读入整数，构造一个按从小到大顺序链接的整数链表，并统计各整数在文件中出现的次数，然后按从小到大顺序输出各整数及其出现次数。

声明链表的结点类型如下：

```
struct node {
    int num;                        /* 存放整数 */
    int count;                      /* 存放整数出现的次数 */
    struct node *next;
};
```

定义函数：

```
struct node *createList(int numbers[], int n);
```

用于建立链表。参数 numbers 表示存放整数的数组，参数 n 表示数组中整数个数。首先在链表中检查新读入的整数是否已在链表中，如果已在链表中，则增加其出现次数，否则，建立一个新结点并插入至链表合适位置。

定义函数：

```
void printList(struct node *head);
```

输出链表各结点的值和出现次数。

主函数中打开文件，循环从文件中读入整数，并存放在数组 numbers 中；调用函数 createList 建立链表；调用函数 printList() 输出链表各结点的值和出现次数。

```
1    /* 例9_4.c */
2    #include<stdio.h>
3    #include<stdlib.h>
4    #define FILENAME "integers.txt"
5    struct node{
6        int num;                        /* 存放整数 */
7        int count;                      /* 存放整数出现的次数 */
8        struct node *next;
9    };
10   /*建立单向链表*/
11   struct node *createList(int numbers[], int n){
12       struct node *p, *q, *t, *head = NULL;
13       int i, size = sizeof(struct node);
14       for(i = 0; i < n; ++i){
15           if(head == NULL){       /* 第一个结点 */
16               t = (struct node *)malloc(size);
17               t->num = numbers[i];
18               t->count = 1;
19               t->next = NULL;
20               head = t;
21           }
22           else{
23               p = head;
24               while(p != NULL && p->num < numbers[i]){
25                   q = p;
26                   p = p->next;
27               }
28               if(p != NULL && p->num == numbers[i]){          /* 已在链表中 */
```

```
29              p->count++;
30          }
31          else{                        /* 建立新结点 */
32              t = (struct node *)malloc(size);
33              t->num = numbers[i];
34              t->count = 1;
35              if(p == head)
36                  head = t;            /* 新结点插入在头结点之前 */
37              else
38                  q->next = t;
39              t->next = p;
40          }
41      }
42  }
43  return head;
44 }
45 /*输出单向链表*/
46 void printList(struct node *head){
47      struct node *p = NULL;
48      for(p = head; p != NULL; p = p->next)
49          printf("%d(%d) ", p->num, p->count);
50      printf("\n");
51 }
52 int main(void){
53      FILE *fp;
54      struct node *head = NULL;
55      int x, count, numbers[100];
56      fp = fopen(FILENAME, "r");
57      if(fp == NULL){
58          printf("不能打开文件: %s\n", FILENAME);
59          exit(EXIT_FAILURE);
60      }
61      count = 0;
62      fscanf(fp, "%d", &x);
63      while(!feof(fp)){
64          numbers[count++] = x;
65          fscanf(fp, "%d", &x);
66      }
67      fclose(fp);
68      head = createList(numbers, count);
69      printList(head);
70      return 0;
71 }
```

【运行结果】

-99(2)□10(1)□15(1)□20(1)□50(1)□100(2)□200(2)□220(1)□280(1)□300(2)

假设 integer.txt 文件内容为:

300□200□100□10□50□-99□15□20□-99□100□200□220□280□300

输出结果圆括号中为该整数出现的次数。

程序第 5~9 行声明了链表结点结构类型。

程序第 11~44 行定义了 createList()函数。

程序第 46~51 行定义了 printList()函数。

程序第 56 行以"r"方式打开文件 integers.txt。

程序第 63~66 行是 while 循环。在循环过程中，从文件中读入数据，存放在数组 numbers 中，直至文件末尾。

程序第 68 行调用函数 createList()建立链表。

程序第 69 行调用函数 printList()输出链表各结点的值和出现次数。

9.4 本 章 实 验

9.4.1 实验目的

掌握文件的概念；正确理解文本文件和二进制文件；掌握文件的基本操作。

9.4.2 实验内容

1. 编写程序，输入 10 个整数，升序排序后存入文本文件 example.txt 中，文件中每行存放 5 个整数，每行整数之间用一个空格间隔，每行最后一个整数后面没有空格。不需要在屏幕上显示信息。

【运行结果】

10□9□8□7□6□5□4□3□2□1✓

则生成文件 example.txt，其中内容：

1□2□3□4□5
6□7□8□9□10

2. 将一个明文文件 plaintext.txt 中的内容，按照一定的方法，对每个字符加密后存放到另一个密文文件 ciphertext.txt 中。这里采用一种简单的加密方法，将每个字符的编码加 2。不需要在屏幕上显示信息。

【运行结果】

明文文件 plaintext.txt 已经存在，假设其中内容为：Welcome to C!。生成密文文件 ciphertext.txt，其中内容为：Ygneqog"vq"E#。

3. 编写程序，建立一个学生基本信息结构，包括学号、姓名以及语文、数学、英语 3 门课程的成绩，输入 n（0 < n ≤ 100）个学生的基本信息，计算每个学生三门课程的总分和平均分（保留 2 位小数），写到文本文件 student.txt 中。不需要在屏幕上显示信息。

输入第一行为正整数 n。下面 n 行，每行一个学生信息，学号、姓名和成绩之间以空格间隔。

【运行结果】

5✓

100101□张三□78□83□75✓

100102□李四□76□80□77✓

100103□王五□87□83□76✓
100104□刘六□45□56□67✓
100105□钱七□23□43□78✓

生成文本文件 student.txt，其中内容为：

100101□张三□78□83□75□236□78.67
100102□李四□76□80□77□233□77.67
100103□王五□87□83□76□246□82.00
100104□刘六□45□56□67□168□56.00
100105□钱七□23□43□78□144□48.00

4. 给定文件 hours.txt，其中包含每个员工工作时间的记录。每一行表示一周的工作时间。每周有 7 天，所以每行最多有 7 个数字。规定每周从周一开始，文件中的每一行都是从周一的工作小时数开始，后面是周二，等等，周日的数字放在这一行的最后。每行中的数字可以少于 7 个，因为员工并不是每天都要工作。假设下面是文件 hours.txt 的内容：

```
8 8 8 8 8
8 4 8 4 8 4 4
8 4 8 4 8
3 0 0 8 6 4 4
8 8
0 0 8 8
8 8 4 8 4
```

编写程序，从 hours.txt 文件中读取数据，计算并输出每行和每列的总和。每行的总和表示该员工每周工作的小时数。每列的总和表示员工周一、周二等每天工作的累计小时数。最后输出总的小时数。即输出：

员工每周工作的小时数。

员工周一、周二等每天工作的累计小时数。

总的小时数。

【运行结果】

文本文件 hours.txt 已经存在，其中内容如上所示。

```
Total hours = 40
Total hours = 40
Total hours = 32
Total hours = 25
Total hours = 16
Total hours = 16
Total hours = 32

Mon hours = 43
Tue hours = 32
Wed hours = 36
Thu hours = 40
Fri hours = 34
Sat hours = 8
Sun hours = 8
Total hours = 201
```

5. 需要计算一些学生的加权平均分。给定文件 gpa.dat，文件中每个学生的信息都由两行内容组成。第一行是学生姓名，第二行是几门课的学分和成绩。假设下面是 gpa.dat 的内容：

```
Zhang San
3 2.8 4 3.9 3 3.1
Li Si
3 3.9 3 4.0 4 3.9
Wang Wu
2 4.0 3 3.6 4 3.8 1 2.8
Liu Liu
3 3.0 4 2.9 3 3.2 2 2.5
```

例如，张三（Zhang San）同学：第一门课，学分 3，成绩 2.8；第二门课，学分 4，成绩 3.9；第三门课，学分 3，成绩 3.1。

总平均分等于学分乘以成绩，加权平均分等于总平均分除以总学分数。加权平均分最低 0.0，最高 4.0。

在屏幕上显示每个学生的加权平均分以及加权平均分的最大和最小值。

【运行结果】

文件 gpa.dat 已经存在，其中内容如上所示。

```
GPA for Zhang San = 3.33
GPA for Li Si = 3.93
GPA for Wang Wu = 3.68
GPA for Liu Liu = 2.93
max GPA = 3.93
min GPA = 2.93
```

参 考 文 献

[1] KING K N. C Programming: A Modern Approach[M]. 2nd ed. New York: W. W. Norton & Company, Inc., 2008.

[2] 虞歌. 程序设计基础：以 C 为例[M]. 北京: 清华大学出版社, 2012.

[3] 虞歌. 程序设计基础：以 C++为例[M]. 北京: 清华大学出版社, 2013.

[4] 虞歌. Python 程序设计基础[M]. 北京: 中国铁道出版社, 2018.